无线传感器网络数据收集模型与方案

王　颖　李国瑞　著

燕山大学出版社
·秦皇岛·

图书在版编目（CIP）数据

无线传感器网络数据收集模型与方案 / 王颖，李国瑞著. —秦皇岛：燕山大学出版社，2021.5（2026.1 重印）

ISBN 978-7-5761-0164-5

I. ①无… II. ①王… ②李… III. ①无线电通信－传感器－数据管理－研究 IV. ①TP212

中国版本图书馆 CIP 数据核字（2021）第 072868 号

无线传感器网络数据收集模型与方案

王　颖　李国瑞　著

出 版 人：陈　玉
责任编辑：朱红波
封面设计：方志强
出版发行：燕山大学出版社 YANSHAN UNIVERSITY PRESS
地　　址：河北省秦皇岛市河北大街西段 438 号
邮政编码：066004
电　　话：0335-8387555
印　　刷：廊坊市印艺阁数字科技有限公司
经　　销：全国新华书店

开　　本：700mm×1000mm　1/16　　印　　张：12　　字　　数：192 千字
版　　次：2021 年 5 月第 1 版　　印　　次：2026 年 1 月第 2 次印刷
书　　号：ISBN 978-7-5761-0164-5
定　　价：48.00 元

内 容 简 介

无线传感器网络将虚拟的信息世界与真实的物理世界融合在一起，改变了人与自然交互的方式，在军事国防、环境科学、医疗健康、空间探索、工农业自动化等许多领域有着非常广泛的应用前景。部署无线传感器网络的主要目的就是收集所监测的环境信息，其上所有的应用与决策都是基于所收集到的数据来进行的。概括来说，数据收集过程就是从多个传感器节点收集物理世界的感知数据，并最终传输至基站的过程，该过程是无线传感器网络中各种应用的核心与基础。本书针对无线传感器网络中的数据收集问题，以提高网络中数据收集操作的效率，降低系统资源的消耗为主要目标，分别从无线传感器网络结构优化、感知数据压缩与重构、基于深度学习的编解码结构设计等多个角度，详细阐述了多种高效节能的无线传感器网络数据收集模型与方案。

本书共分10章，第1章介绍了无线传感器网络的基础知识、研究现状和关键技术。第2章至第4章阐述了基于网络结构优化的数据收集模型与方案，具体包括基于近似最小Steiner树的数据收集算法、基于非平衡阈值的分布式数据收集方案，以及基于最优分簇的数据收集方案。第5章至第8章阐述了基于感知数据压缩与重构的数据收集模型与方案，具体包括大规模传感网高效节能的数据收集方案、基于联合稀疏模型的数据收集算法、基于Jacobi ADMM的分布数据收集算法，以及基于矩阵补全的高效数据收集算法。第9章至第10章阐述了基于深度学习的数据收集模型与方案，具体包括基于自编码器的传感网数据收集方案和基于对抗自编码器的数据收集方案。

本书全面、系统地展示了无线传感器网络数据收集领域中的研究内容和最新研究成果，具有完整性、学术性和实用性。本书非常适合于高等院校计算机科学与技术、物联网工程、通信工程、电子信息工程等信息科学相关专业的研究生和大学高年级本科生作为教材或教学参考书，也可供对无线传感器网络、自组织网络、物联网、数据科学等感兴趣的科研人员和工程技术人员参考。

前 言

背景

无线传感器网络是当今国际上备受关注的由多学科高度交叉、相互融合的新兴前沿研究热点领域。它综合了微电子技术、嵌入式计算技术、现代网络及无线通信技术、分布式信息处理等技术，能够通过各类集成化的微型传感器协作地实时监测、感知和采集各种环境或监测对象的信息，利用嵌入式系统对信息进行处理，并通过自组织的无线通信网络以多跳中继的方式将所采集到的信息传送至用户终端。尽管学术界和工业界对无线传感器网络的研究已经开展了较长时间，但仍有许多关键问题亟待解决。

部署无线传感器网络的主要目的就是收集所监测的环境信息，其上所有的应用与决策都是基于所收集到的数据来进行的。概括来说，数据收集过程就是从多个传感器节点收集物理世界的感知数据，并最终传输至基站的过程，该过程是整个无线传感器网络中各种应用的核心与基础。然而，由于无线传感器节点的成本低廉，各种资源（尤其是能量）受限，因此设计数据收集机制应以降低传感器节点的计算、存储和传输等操作的资源需求，进而延长整个无线传感器网络的生存周期为主要目标。同时，与数据采集、存储和计算相比，传感器节点的数据传输是最耗能的操作。因此，合理有效地减少数据传输，充分利用相邻传感器节点采集数据之间的相关性，设计行之有效的数据压缩与编解码方案，对于降低无线传感器节点能耗并延长整个传感网的生存时间具有十分重要的研究意义和应用价值。

木书作者在无线传感器网络的数据收集领域开展了一系列深入而系统的研

究工作，在撰写本书时分别从无线传感器网络结构优化、感知数据压缩与重构、基于深度学习的编解码结构设计等多个方面，详细阐述了一系列高效节能的无线传感器网络数据收集模型与方案。书中绝大部分内容取材于作者近期在国际、国内高水平学术期刊和重要国际学术会议发表的论文和研究成果，全面、系统地对该领域内最新的研究成果和进展进行了阐述。

组织结构

本书主要针对无线传感器网络数据收集模型与方案进行介绍，在结构上分为10章：

第1章介绍了无线传感器网络的基本概念、结构和特点，简述了无线传感器网络的应用领域，分析了无线传感器网络的国内外研究现状，并从多角度详细阐述了无线传感器网络中的关键技术和研究热点。

第2章描述了一种基于近似最小Steiner树的数据收集算法，通过采用分布式迭代选举父节点的方式，动态构建了一棵平衡的层次分离树，从而实现了分簇结构无线传感器网络或多Sink节点无线传感器网络中簇头节点或Sink节点之间高效节能的数据传输操作。

第3章针对多Sink无线传感器网络中的数据收集问题，设计了一种基于非平衡阈值的分布式数据收集方案，通过采用分布式Top-$|K|$查询和分布式稀疏数据重构操作，有效地减少了网络中数据传输代价和重构迭代次数，实现了高效的无线传感器网络数据收集。

第4章介绍了一种基于最优分簇结构的数据收集方案，首先基于伪希尔伯特曲线簇头连接算法构建一条数据传输链路，然后利用分簇构建算法构建一种最优的分簇网络结构，从而实现高效的感知数据收集操作。

第5章描述了一种面向大规模无线传感器网络的数据收集方案，首先利用基于空间相关性的分簇算法将整个网络划分为多个数据相关的簇，然后利用基于分簇的数据压缩算法构建一棵支持混合数据收集模式的数据收集树，最后利用分簇数据重构算法将数据重构问题抽象为一个组稀疏问题，并利用ADMM框架进行求解。

第6章介绍了一种基于联合稀疏模型的数据收集算法，针对无线传感器网络数据的联合稀疏特性，设计了同步子空间追踪算法，从而计算数据支撑集并在其中选取最匹配的传感数据子矩阵，通过多次迭代逼近，从而实现无线传感器网络中感知数据的高效重构操作。

第7章描述了一种基于Jacobi ADMM的分布式压缩数据收集算法，针对分布式压缩感知理论中的JSM 1模型，通过将信号分解为公共部分和个体部分，并在交替方向乘子法中引入近似项求解，从而实现无线传感器网络的分布式数据收集操作。

第8章介绍了一种基于矩阵补全的无线传感器网络数据收集方案，通过将传感器网络数据收集问题转换为低秩矩阵分解问题，并依据Johnson-Lindenstrauss引理对Kaczmarz迭代中的投影操作降维，从而提高了矩阵补全算法的重构性能。

第9章利用自编码器设计了一种适用于无线传感器网络的数据收集方案，在模型训练阶段，利用历史监测数据进行模型训练，从而学习到测量矩阵和重构矩阵。在数据收集阶段，首先利用测量矩阵实现分布式数据压缩，然后利用重构矩阵重构网络中的所有监测数据，以实现兼具高重构精度和快重构速度的目标。

第10章利用对抗自编码器设计了一种基于对抗自编码器的数据收集方案，首先训练对抗自编码器模型，从而学习到一个更符合原始数据的特征的测量矩阵。然后利用学习到的测量矩阵对数据进行压缩，并将压缩结果传输到服务器端进行数据解码重构，以实现高压缩率和低重构误差的目标。

本书特点与读者对象

本书具有以下鲜明特色：

（1）完整性：内容丰富全面，结构合理，体系完整。本书针对无线传感器网络数据收集问题的不同研究路线，分别从无线传感器网络结构优化、感知数据压缩与重构、基于深度学习的编解码结构设计等多个角度，详细阐述了多种高效节能的无线传感器网络数据收集模型与方案。

（2）学术性：本书具有一定的理论高度和学术价值，书中绝大部分内容取材于作者近期在国际、国内高水平学术期刊和重要国际会议发表的论文，全面展示了大量关于无线传感器网络数据收集解决方案最新的科研成果，具有很高的学术参考价值。

（3）实用性：结合无线传感器网络的特点，详细介绍了各种数据收集模型和方案的具体实现细节，并给出了算法的详细描述，具有较强的实用性。

本书非常适合于高等院校计算机科学与技术、物联网工程、通信工程、电子信息工程等信息科学相关专业的研究生和大学高年级本科生作为教材或教学参考书，也可供对无线传感器网络、自组织网络、物联网、信息安全等感兴趣的科研人员和工程技术人员参考。

致谢

作者的研究工作得到河北省自然科学基金项目（F2020501034）、河北省教育厅高等学校科学研究项目（ZD2021403）、秦皇岛市科学技术研究与发展计划项目（201902A017）的资助，在此表示深深的谢意！

由于作者水平所限，加之无线传感器网络数据收集模型与方案的研究仍处于不断发展过程中，新的研究成果不断涌现，书中错误和不足之处在所难免，恳请专家、读者予以指正。

目　录

第 1 章　绪　　论

1.1 无线传感器网络概述

随着微电子技术、嵌入式计算技术、无线网络通信技术以及分布式信息处理技术的飞速发展，无线传感器网络已逐渐成为国际上备受关注的由多学科高度交叉、相互融合的新兴前沿研究热点领域[1]。该类网络通过各类集成化的微型传感器协作地实时监测、感知和采集各种环境或监测对象的信息，利用嵌入式系统对信息进行处理，并通过自组织形式的无线通信网络以多跳中继的方式将所采集到的监测信息传送至用户终端，进而实现相应的监测和控制任务[2]。

无线传感器网络以其先进的理念和广泛的应用前景日益受到世界各国学术界与工业界的高度关注。它被认为是继互联网之后，将对21世纪人类生产和生活方式产生重大影响的热点信息技术[3]。互联网改变了人与人之间交流沟通的方式，而无线传感器网络将虚拟的信息世界与真实的物理世界融合在一起，将改变人与自然交互的方式[4]。美国《技术评论》杂志曾评选出对人类未来生活产生深远影响的十大新兴技术，无线传感器网络位于所有新兴技术之首[5]。同时，美国《商业周刊》在技术评论中，也将无线传感器网络定位为21世纪高新技术领域的四大支柱型产业之一[6]。由此可见，无线传感器网络被各行各业寄予厚望。

无线传感器网络应用场景十分广阔，在包括军事国防、工农业生产、城市管理、生物医疗、环境监测、抢险救灾、空间探索、防恐反恐以及危险区域远程控制等许多领域都具有非常重要的应用前景和推广价值[7]。因此，针对无线传感器网络基础理论和应用技术的研究对于无线传感器网络的普及和大规模应用起到重要的支撑和推动作用，对我国经济的迅速发展和综合实力的增强具有十分重要的意义。

1.1.1 无线传感器网络的结构和特点

无线传感器网络（Wireless Sensor Networks，WSN）是由大量静止或者移动的无线传感器节点以自组织和多跳的方式构成的无线网络，其目的是协作地感知、采集、处理和传输网络覆盖地理区域内感知对象的监测信息，并利用节点内的嵌入式系统对信息进行加工处理，最终将计算结果传输至终端用户。

从上述定义可以看出，无线传感器网络主要实现了数据采集、数据处理和数据传输三大功能，分别对应着信息领域中的三项核心技术，即传感器技术、计算机技术和无线通信技术。由于无线传感器网络技术同时具有低功耗、低成本、分布式和自组织等优良特性，因此具有非常广泛的应用价值。无线传感器网络的迅猛发展无疑给信息技术带来了一场意义重大的变革。

无线传感器网络通常由若干无线传感器节点和网关节点（sink node）组成，典型的无线传感器网络系统架构如图1-1所示。其中，无线传感器节点部署在需要监视的区域范围内，负责采集数据并将相应结果利用无线多跳的方式传输至网关节点。网关节点汇聚并处理无线传感器网络中各节点所发送来的实时数据，然后将处理结果以实时展示、写入日志、存入数据库等多种方式传递给用户终端，以供本地或远程用户使用[8]。另外，用户还可以通过网关节点向无线传感器网络中发送各种控制命令，从而实时地调整无线传感器网络的状态[9]。

无线传感器网络从诞生到发展分别经历了四个阶段[10]，分别为：

（1）第一代传感器网络是将传统的传感器以点对点的传输方式、通过连接传感控制器的形式来构成的。

（2）第二代传感器网络在第一代传感器网络的基础上增加了获取多种类型信息的综合处理能力，并通过传感控制器的相连，从而组成了具有一定综合信息处理能力的传感器网络。

（3）第三代传感器网络是指基于现场总线的智能传感器网络，它是连接智能化现场设备和控制室之间的全数字、开放式的双向通信网络。随着现场总线技术的发展，这种类型的传感器网络已经完全取代了第二代传感器网络。

（4）第四代传感器网络即无线传感器网络，它是随着微机电系统、低功耗的模拟和数字电路技术、低能耗的无线射频技术的发展而逐渐出现的。上述技术使得开发小体积、低成本、微功耗，并且具有无线通信能力的微型传感器节点成为可能，通过将大量微型传感器节点以无线通信的方式相连，从而构成了第四代无线传感器网络。

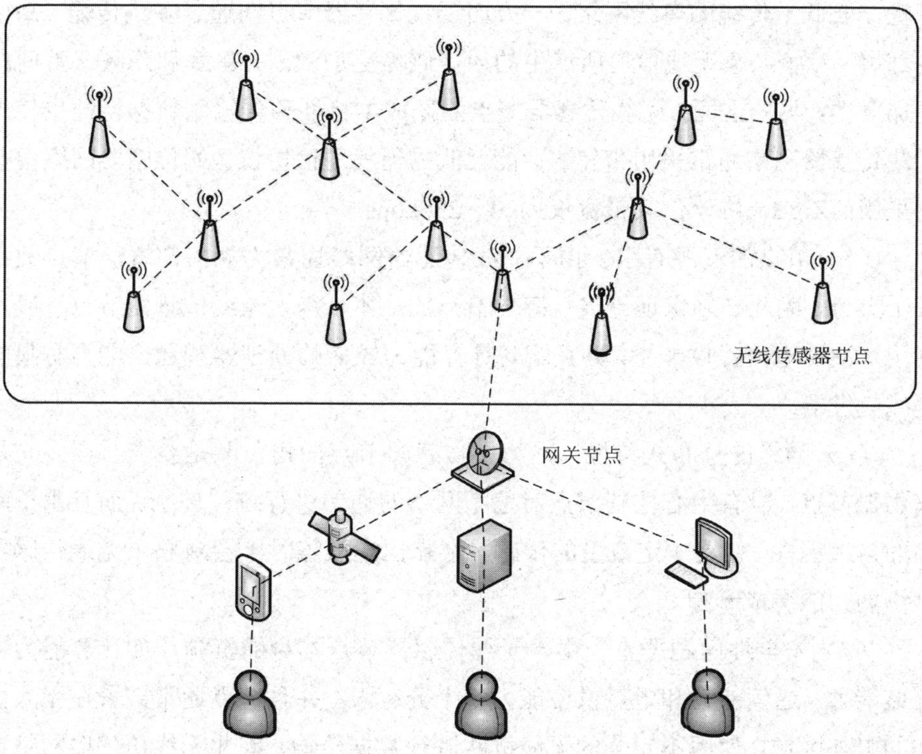

图 1-1 无线传感器网络系统结构
Figure 1-1 The architecture of wireless sensor networks

与传统的通信网络相比，无线传感器网络具有以下显著的特点[11]：

（1）网络的自组织性。无线传感器网络在任何时刻以及任何地点都不需要网络基础设施的支持，它能够利用传感器节点本身自组织地形成无线通信网络。

（2）拓扑结构的不稳定性。由于受传感器节点的非持久性、无线信道的相互干扰、节点发射功率的变化、地形对无线信号的阻碍等多种综合因素的影响，无线传感器网络与传统的网络相比，拓扑结构的变化显得更加频繁。

（3）多跳的通信路由。由于无线传感器节点的收发功率有限，节点与信号覆盖范围外的其他节点进行通信时，需要中间传感器节点进行消息转发。因此，每个传感器节点既是终端节点，又是路由器节点。

（4）有限的通信带宽。无线信道本身的物理特性使得无线传感器网络的带宽一般低于传统的有线网络。一方面无线传感器节点间通过多跳传输、高密度部署，竞争共享无线信道所产生的通信碰撞更加激烈，暴露和隐藏终端问题更加突出。另一方面，无线传感器节点的低成本特性和传输的数据特征也使得无线传感器网络通常采用带宽窄、能耗低的无线通信协议。如传感器网络中普遍采用的ZigBee协议，其带宽仅为20～250kbps。

（5）节点的资源有限。由于无线传感器网络通常大规模部署，节点数量成千上万，因此必须保证无线传感器节点的成本低廉。无线传感器节点一般是利用一次性电池提供能量，并且配备计算能力较低的处理器和通信能力有限的无线收发器。

（6）网络的分布式特性。网络中传感器节点的角色既是终端节点，又是路由器节点，没有中心控制节点对整个网络的通信进行统一控制。而且由于网络的自组织性，使得一定数量的传感器节点出现故障时不会对整个无线传感器网络的功能造成影响。

（7）安全性问题严重。由于无线传感器节点本身的资源，如计算能力、存储能力、通信能力和电量供应能力都十分有限，并且节点通常部署在无人值守的野外区域，使用不安全的无线链路进行数据传输，因此无线传感器网络很容易受到多种类型的攻击，如选择性转发攻击、采集点漏洞攻击、伪造身份攻击、虫洞攻击、Hello消息广播攻击、黑洞攻击、伪造确认消息攻击以及伪造、篡改和重放路由攻击等。

无线传感器网络与移动Ad Hoc网络（Mobile Ad Hoc Network，MANET）同属无线自组织网络的范畴。其中移动Ad Hoc网络是指传统的、一般意义的

Ad Hoc网络，通常是由移动设备，如笔记本电脑、平板电脑、移动电话等组成的无线通信网络。而无线传感器网络是指由若干无线传感器节点以自组织方式构成的无线网络[12]。无线传感器网络与移动Ad Hoc网络存在很多的相似性，如两者都是无线多跳网络，网络本身的拓扑结构是动态变化的，网络具有自组织性，可以在任何时刻、任何地点，无需任何现有基础网络设施支持的条件下快速地构建起一个移动通信网络。但两者并不完全相同，与移动Ad Hoc相比，无线传感器网络具有以下特点[13]：

（1）大规模随机部署。无线传感器节点的数量可能是移动Ad Hoc网络节点的数倍。

（2）无线传感器节点的部署密度高。

（3）无线传感器节点容易失效。

（4）无线传感器网络的拓扑结构变化相对稳定，部署后传感器节点通常是静止不动的。

（5）无线传感器节点主要通过广播方式进行通信，而大多数移动Ad Hoc网络是通过点对点方式进行通信的。

（6）无线传感器节点的各类资源，如能量、计算、存储、通信能力等，更加有限。

（7）无线传感器网络以数据为中心，而移动Ad Hoc网络以地址为中心。

（8）无线传感器网络的安全性更差。由于传感器节点的资源有限，节点数量众多，并且通常部署在无人值守的野外区域，因此无法使用复杂的安全机制，更容易遭受多种类型的攻击。

1.1.2 无线传感器节点

典型的无线传感器节点结构如图1-2所示，主要由采集单元、处理单元、传输单元和电源模块四个基本部分组成[14]。其中：

（1）数据采集单元包括各种类型的传感器，如温度传感器、湿度传感器、光照传感器、压力传感器、震动传感器、各种化学传感器等，以及相应的模拟数字转换单元ADC（Analog to Digital Converter）。该单元主要负责收集并转换节点所处监视区域内的各类信息。

（2）数据处理单元包括处理器和存储器。该单元主要负责整个无线传感器节点的信息处理和存储功能。

（3）数据传输单元包括无线接收器和无线发射器。该单元主要负责与其他无线传感器节点进行双向无线通信，交换控制信息和数据信息。

（4）电源模块一般是由一次性电池或可充电电池构成。该单元主要负责为整个无线传感器节点提供能量供给。

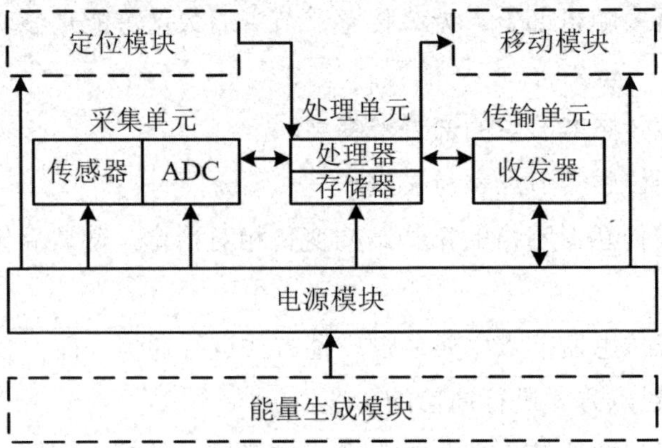

图 1-2 典型无线传感器节点的结构图

Figure 1-2 The structure of a typical wireless sensor node

根据无线传感器节点的具体功能需求，部分传感器节点还可能包括用于确定位置信息的定位模块，用于调整部署位置的移动模块以及用于从周围环境中采集能量的能量生成模块等[15]。

常见的无线传感器节点主要包括Micaz节点、TelosB节点、BT节点、Sun SPOT节点以及Gain节点等[16]。各节点的特征如下：

（1）Micaz无线传感器节点

Micaz无线传感器节点的外观如图1-3所示。该节点使用的处理器是Atmel公司的Atmega 128L芯片，使用两节五号干电池供电，通过51针扩展接口可以连接模拟输入、数字输入、I2C总线、SPI和UART接口。Micaz节点使用全球兼容的2.4～2.48GHz的ISM波段，提供250kbps的数据传输速率，并可通过外接传感器板连接光照、温度、湿度、气压、声学和磁环境等不同类型的传感器。

图 1-3 Micaz 无线传感器节点
Figure 1-3 The Micaz wireless sensor node

（2）TelosB无线传感器节点

TelosB无线传感器节点的外观如图1-4所示。该节点使用的处理器是TI公司的MSP 430微处理器，具有16K字节的内部存储空间和1M字节的外部存储空间，分别用于存储程序和数据。该节点同样使用两节五号干电池供电，采用全球兼容的2.4～2.48GHz的ISM波段进行通信。TelosB节点内部集成板载天线，可提供250kbps的数据传输速率，并可连接温度、光照、湿度等多种类型的外部传感器。

图 1-4 TelosB 无线传感器节点
Figure 1-4 The TelosB wireless sensor node

（3）BT无线传感器节点

BT无线传感器节点的外观如图1-5所示。该节点使用的处理器是Atmel公司的Atmega 128L芯片，具有64K字节的内部存储空间和128K字节的外部存储空间。与其他节点不同的是，BT节点可同时采用蓝牙技术和工作在433～915MHz频道的无线通信技术同时进行数据传输。该节点既可使用两节五号干电池供电，也可以使用3.8～5V的外部电源供电。

图 1-5 BT 无线传感器节点
Figure 1-5 The BT wireless sensor node

（4）Sun SPOT无线传感器节点

Sun SPOT无线传感器节点的外观如图1-6所示。名称中SPOT是Small Programmable Object Technology的缩写，即小型可编程对象技术。该节点采用了32位的高性能ARM 920T处理器和CC2420无线通信芯片，支持Windows CE和Linux等操作系统，并可以使用Java编程语言进行应用程序开发。在电源供给方面，节点内部集成了一个3.7V、750mAh的可充电锂电池，并可外接5V电源进行持续供电。

图 1-6 Sun SPOT 无线传感器节点
Figure 1-6 The Sun SPOT wireless sensor node

（5）Gain无线传感器节点

Gain无线传感器节点的外观如图1-7所示。该节点是由中国科学院计算技术研究所研发的第一款国产无线传感器节点，节点的处理器采用了TI公司的MSP 430微处理器，射频芯片采用了CC2420无线通信芯片，并且在节点内部集成高精度的温度、湿度、光照度传感器。节点的工作电压为2.7～3.3V，发送模式和接收模式时的工作电流分别为50mA和45mA，休眠模式的工作电流为14mA，并完全支持目前主流的TinyOS和Contiki操作系统。

图 1-7 Gain 无线传感器节点
Figure 1-7 The Gain wireless sensor node

1.1.3 无线传感器网络的协议栈

与互联网领域的研究类似，无线传感器网络的研究工作也主要围绕着无线传感器网络的协议栈展开。早期的无线传感器网络协议栈包括物理层、数据链路层、网络层、传输层和应用层，分别与互联网协议栈中的五层协议相对应[17]。另外，无线传感器网络根据其自身的特点，在协议栈中还包含了能量管理、移动管理和任务管理。早期的无线传感器网络协议栈如图1-8所示。

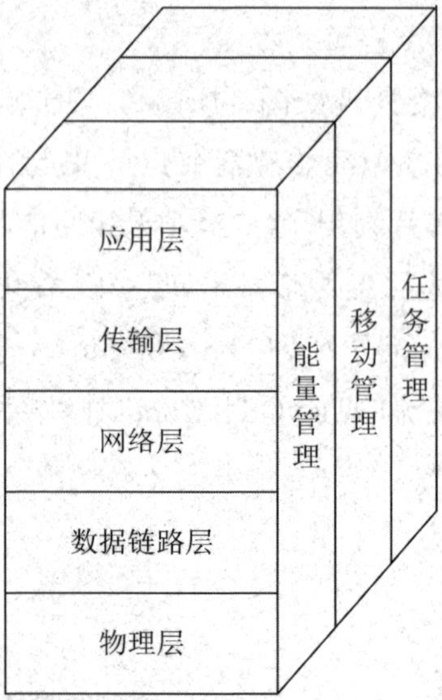

图 1-8 早期的无线传感器网络协议栈
Figure 1-8 The early protocol stack of wireless sensor networks

在该协议栈中，各层的主要功能如下：

（1）物理层主要负责载波频率的产生、信号的调制和无线数据的收发[18]。

（2）数据链路层主要负责数据组装成帧、帧校验、媒体接入和差错控制[19]。

（3）网络层主要负责路由的发现和维护，从而保证无线传感器节点可以进行有效的数据通信[20]。

（4）传输层主要负责数据流的传输控制，从而保证通信服务的质量[21]。

（5）应用层根据不同应用的具体要求，负责任务调度、数据分发等具体业务[22]。

（6）能量管理主要负责管理无线传感器节点如何高效地使用能量资源[23]。

（7）移动管理主要负责监测并控制无线传感器节点的移动信息，维护该节点到汇聚节点路由，并动态跟踪其邻居节点的位置信息[24]。

（8）任务管理主要负责平衡和调度无线传感器节点内部的各种任务[25]。

随着无线传感器网络技术的发展和研究的深入，改进的无线传感器网络协议栈逐渐取代了早期的协议栈[26]。由于在无线传感器网络的应用中需要对无线传感器节点进行定位，并在传感器节点之间同步各种信息，因此在改进的协议栈中增加了时间同步子层和定位子层。同时，无线传感器网络的特点会导致网络的拓扑结构不断发生变化，为了保证上层应用的服务质量，在新的协议栈中增加了拓扑子层和服务质量子层。改进的无线传感器网络协议栈如图1-9所示。

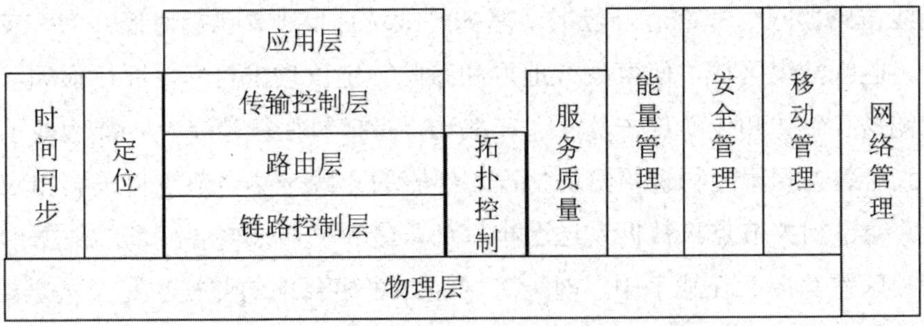

图 1-9 改进的无线传感器网络协议栈
Figure 1-9 The improved protocol stack of wireless sensor networks

改进的无线传感器网络协议栈将早期的协议栈融入到各层协议中，其中一部分用于优化和管理协议流程，另一部分独立在协议层之外，通过各种收集和配置接口对相应的机制进行配置和监控，如协议栈中的能量管理子层和移动管理子层等。改进协议栈中的拓扑控制子层利用链路控制层、路由层生成网络拓扑结构，反过来又为它们提供基础信息支持[27]。服务质量子层管理栈中各协议层所涉及的队列管理、优先级机制或者带宽预留等机制，并对特定应用的数据给予特别处理[28]。能量管理子层优化链路控制层、路由层、传输控制层的协议交互过程，提高运行效率，并降低无线传感器网络的整体能量消耗[29]。网络管理子层要求协议各层嵌入各种信息接口，并定时收集协议运行状态和流量控制信息，从而协调控制无线传感器网络中各协议层的平稳运行[30]。

1.1.4 无线传感器网络的应用领域

无线传感器网络以其自组织性、灵活性、体积小、成本低等优点，在军事国防、环境科学、医疗健康、空间探索、智能家居、工农业自动化、紧急救援等许多领域有着非常广泛的应用前景[31]。

（1）军事领域。无线传感器网络将会成为现代化战场指挥系统中不可或缺的一部分。因为无线传感器网络是由密集型、低成本、随机分布的传感器节点组成的，自组织性和容错能力使其不会因为某些节点在恶意攻击中的损坏而导致整个系统的崩溃，这一点是传统的传感器技术所无法比拟的。上述特点使得无线传感器网络非常适合应用于恶劣的战场环境中，包括监控兵力、装备和物资，监视冲突区域，侦察敌方地形和布防，定位攻击目标，评估损失，侦察和探测核、生物和化学攻击等[32]。在战场，指挥员往往需要及时准确地了解部队、武器装备和军用物资供给的情况，部署的无线传感器节点将采集相应的信息，并通过网关节点将数据发送至指挥部，最后融合来自各战场的数据形成完备的战区态势图。在战争中，对冲突区域和军事要地的监视也是至关重要的，通过部署无线传感器网络，以更隐蔽的方式近距离地观察敌方的布防。同时，无线传感器网络也可以为火控和制导系统提供准确的目标定位信息[33]。

（2）环境科学。使用无线传感器网络可以方便地获取野外随机性的研究数据，如跟踪候鸟和昆虫的迁移，研究环境变化对动植物的影响，监测海洋、大气和土壤的成分等[34]。例如在ALERT系统中就应用了多种传感器来监测降雨量、河水水位和土壤水分，并依此预测爆发山洪的可能性[35]。类似地，无线传感器网络对森林火灾、地震、泥石流等自然灾害的准确及时预报也有很大的帮助[36]。

（3）医疗健康。通过在病患人员身上佩戴特殊用途的传感器节点，如心率、血压、血糖等监测设备，利用无线传感器网络将监护病人的信息实时地发送给医疗护理人员，从而使得医生可以随时了解被监护病人的病情，并及时进行处理。同时无线传感器网络还可以用于长时间地收集人体的生理数据，从而为新药品的研制和检验提供准确的信息，并且佩戴的微型传感器也不会给病人的正常生活带来不便。另外，无线传感器网络也可以为高龄人群的远程护理提供极大的便利[37]。

（4）空间探索。探索外星球一直是人类梦寐以求的理想，借助于航天器布撒传感器节点实现对星球表面长时间的监测是一种经济可行的方案。例如美国国家航空与航天局研制的Sensor Webs就是利用无线传感器网络对火星表面进行探测的[38]。

（5）智能家居。通过在家具和家电里嵌入传感器节点，可以利用无线传感器网络为人们提供更加舒适、便捷和个性化的智能居住条件。典型的智能家居应用包括智能冰箱、智能厨具、智能窗帘、智能灯光系统、智能扫地机器人、智能火灾预警系统、智能安防系统等[39]。

（6）工农业自动化。无线传感器网络在工农业自动化领域具有更加广泛的应用前景。建筑物智能控制就是利用传感器网络来监控建筑物的安全状态，从而及时发现并预防安全隐患[40]。工业自动化生产线的实现[41]，输油管道[42]、高压电网、动力设备的实时监测，智能仓库管理[43]，交互式博物馆等各个领域都体现着无线传感器网络的全新设计和应用模式。此外，无线传感器网络在精细农业方面也有着巨大的应用潜力，利用它可以监测农作物中的害虫、土壤的酸碱度和施肥状况等重要信息[44]。

（7）紧急救援。当地震、水灾、火灾、爆炸和恐怖袭击发生后，应急救助现场的通信网络基础设施可能已被摧毁或者无法正常工作，因此会严重地影响救援信息的获取和救援指令的发布。借助无线传感器网络的自组织性和快速部署特点，可以迅速在应急救助现场部署大规模无线传感器网络，从而构建通畅、快速、高效的救援信息和指令传输通道[45]。

1.2 无线传感器网络的国内外研究现状

在国外，美国自然科学基金委员会制定了无线传感器网络研究计划，投资3400万美元支持无线传感器网络的相关基础理论研究。美国国防部和各军事部门也对无线传感器网络给予了高度重视，在C4ISR的基础上提出了C4KISR计划，把无线传感器网络作为一个重要的研究领域，设立了一系列的军事传感器网络研究项目，如DARPA资助的WINS（Wireless Integrated Sensor Network）项目[46]、SensIT（Sensor Information Technology）项目、DADS（Deployable Autonomous Distributed System）项目[47]以及NASA资助的Sensor Webs项目等。在商业领域，美国英特尔公司和微软公司等信息工业界巨头也积极开展了传感器网络方面的工作，纷纷设立或启动相应的行动计划，如英特尔公司发布的"基于微型传感器网络的新型计算发展规划"。欧盟实施的为期3年的EYES（自组织和协作有效能量的传感器网络）计划[48]。相应地，日本总务省也成立了"泛在传感器网络（Ubiquitous Sensor Network）"调查研究会，以开展无线传感器网络领域的研究工作。

同时，国外的一些著名大学，如加州大学洛杉矶分校、加州大学伯克利分校、康奈尔大学和麻省理工学院等也先后开展了传感器网络方面的研究工作。加州大学洛杉矶分校在生态监控方面研究了小气候传感器和视频传感器网络技术，在地震监控和响应结构方面研究了数据通信控制器和网络时间同步、传感器可靠部署、宽带地震网络、结构检测的无线地震监控网络。加州大学伯克利分校实施了WINS项目，项目包括NEST（网络嵌入系统技术），为网络嵌入系统开发了一系列的软硬件实验平台，包括在小型传感器上运行的TinyOS操作系统[49]、TOSSIM模拟器[50]、数据查询系统TinyDB[51]，以及在TinyOS上运行的编译器NesC[52]，用于传感器网络的定位系统Calamari[53]、链路层加密算法TinySEC[54]，还有Sensor Webs、Smart Dust、Pico Radio等技术。麻省理工学院研究了无线传感器网络的数据流管理系统集成框架，查询优化技术，网络节约能量的拥塞控制，中间件技术比如定位、追踪和联网等，大型无线传感器网络可扩展算法，以及无线传感器网络和移动装置网络的分布式算法，这些研究均获得了美国国家科学基金会、美国国防部高级研究计划局以及美国空军太空实验室的大力支持。

在国内，无线传感器网络系统方面的研究起步较晚，近些年才逐渐受到广泛关注。"传感器网络系统的基础软件及数据管理关键技术的研究"已被列为国家自然科学基金委员会信息科学部与微软亚洲研究院正式签署的第二期联合资助项目之一，国家"十五"科技攻关项目把无线传感器网络列为重大研究项目。国内的一些科研院所和大学，如中国科学院、清华大学、国防科技大学、电子科技大学、哈尔滨工业大学、东北大学等也相续开展了无线传感器网络的基础研究工作。一些知名企业如中兴通信公司也加入无线传感器网络研究的行列中来。对无线传感器网络系统信息获取与处理相关技术的研究，符合国家的整体科技发展计划，对国防科学技术和国家经济建设具有重要的战略意义。

1.3 无线传感器网络中的关键技术

1.3.1 数据收集

部署无线传感器网络的主要目的就是收集所监测的环境信息，后续的应用与决策都是基于所收集到的数据来进行的。概括来说，数据收集过程就是从多个传感器节点收集物理世界的感知数据，并最终传输至基站的过程，该过程是无线传感器网络中各种应用的核心与基础[55]。

无线传感器网络的数据收集机制根据应用需求不同，可以分为时间驱动的数据收集机制与事件驱动的数据收集机制。在时间驱动的数据收集机制中，监测区域内的传感器节点周期性地采集区域内用户感兴趣的数据，并将这些信息传输至网关节点。在这类机制中，时间被离散化为“轮”，每轮间隔根据信息的变化频率和监测需求决定。在事件驱动的数据收集机制中，当监测区域内的传感器节点检测到区域中的某些事件时，便立即将这些信息传输至网关节点，无需进行等待。时间驱动的数据收集机制可以获取完整全面的监测数据，具有更广的应用价值。

目前，时间驱动的数据收集机制主要包括三类周期性数据收集算法：分簇数据收集、链式数据收集以及树型数据收集。这三种算法本质上都是树型的路由拓扑，只是考虑的角度不同。在分簇数据收集协议中，网络通常被划分成簇头节点、成员节点和基站，成员节点采集的数据经簇头节点汇聚后传输至基站。这类数据收集协议的成员节点功能比较简单，无需维护复杂的路由信息；成员节点与簇头间的通信是短距离的，因此可以降低能量消耗；并且簇内节点的数据关联性较强，可以进一步执行数据的压缩与融合，从而减少网络的数据传输量，降低传感器节点的能量消耗。代表性的分簇数据收集方案包括LEACH（Low-Energy Adaptive Clustering Hierarchy）[56]、HEED（Hybrid Energy-Efficient Distributed clustering）[57]、EEUC（Energy-Efficient Uneven Clustering）[58]和ACE

（Adaptive Cooperation in Energy）[59]等。

在链式数据收集协议中，网络中的所有传感器节点形成一条相邻节点之间距离最短的链，每个节点从链中上一个节点接收数据，与自己的数据聚合后再传输至下一节点，依次传递，最终传输至基站。此类数据收集协议避免了频繁选举簇头所带来的通信开销，但由于节点数据在链上进行逐跳转发，因此会产生通信延迟和网络性能瓶颈。代表性的链式数据收集方案包括PEGASIS（Power-Efficient Gathering in Sensor Information System）[60]、EEPB（Energy-Efficient PEGASIS-Based protocol）[61]、GSEN（Group-based SEnsor Network）[62]和TL-WCA（Two Levels-Weighted Clustering Algorithm）[63]等。

在树型数据收集协议中，整个传感器网络基于某一代价函数来计算对应网络连通图的最小生成树，进而沿着始于叶子节点终于根节点的传输路径执行数据收集操作。与链式数据收集协议相类似，此类数据收集协议也会产生相应的通信延迟和网络性能瓶颈问题。代表性的链式数据收集方案包括PEDAP（Power Efficient Data gathering and Aggregation Protocol）[64]和L-PEDAP（Localized-Power Efficient Data Aggregation Protocol）[65]等。

1.3.2 网络拓扑控制

通过网络拓扑控制自动生成的良好拓扑结构，能够提高路由协议和MAC协议的效率，可为数据融合、时间同步和目标定位等很多功能奠定基础，从而有利于节省无线传感器节点的能量，以便延长无线传感器网络的生存期[66]。

无线传感器网络拓扑控制目前主要的研究问题是在满足网络覆盖度和连通度的前提下，通过功率控制和骨干网络节点选择，剔除节点之间不必要的无线通信链路，从而生成一个高效数据转发的网络拓扑结构。它可分为节点功率控制和层次型拓扑结构形成两个方面[67]。节点功率控制机制通过调节无线传感器网络中每个节点的发射功率，在满足网络连通度的前提下，减少节点的发射功率，均衡节点单跳可达的邻居数目。如目前已提出的COMPOW等统一功率分配算法，LINT/LILT和LMN/LMA等基于节点度数的算法，CBTC、LMST、RNG、DRNG和DLSS等基于临近图的近似算法。层次型的拓扑控制利用分簇机制，由簇头节点形成处理并转发数据的骨干网，其他节点可以暂时关闭通信模块，进入休眠状态以节省能量，如已提出的TopDisc成簇算法[68]、改进的GAF虚拟地理网格分簇算法等自组织成簇算法。

1.3.3 网络协议

无线传感器网络协议负责使各个独立的传感器节点形成一个多跳的数据传输网络，目前研究的重点是网络层协议和数据链路层协议。网络层的路由协议确定监测信息的传输路径；数据链路层的介质访问控制协议用来构建底层的基础结构，控制传感器节点的通信过程和工作模式[69]。

在无线传感器网络中，路由协议不仅关心单个节点的能量消耗，更关心整个网络能量的均衡消耗，从而延长整个无线传感器网络的生存期。同时，无线传感器网络是以数据为中心的，选择路径通常不根据节点的编址，更多的是根据感兴趣的数据建立数据源到汇聚节点之间的转发路径。目前学术界已提出了多种类型的路由协议，如多种能量感知的路由协议，定向扩散协议[70]和谣传路由协议[71]等基于查询的路由协议，GEAR协议[72]和GEM协议[73]等基于物理位置的路由协议，SPEED协议[74]和ReInForM协议[75]等支持QoS的路由协议。

传感器网络的介质访问控制（Media Access Control，MAC）协议首先要考虑节省能量和可扩展性，其次才考虑公平性、利用率和实时性等。在MAC层的能量消耗主要体现在空闲侦听、接收不必要的数据和碰撞重传等。为了减少能量的消耗，MAC协议通常采用“侦听/睡眠”交替的无线信道侦听机制，传感器节点中需要收发数据时才侦听无线信道，没有数据需要收发时就尽量进入睡眠状态[76]。目前已提出了S-MAC协议[77]、T-MAC协议[78]和Sift协议[79]等基于竞争的MAC协议，DEANA协议[80]、TRAMA协议[81]、DMAC协议[82]和周期性调度等时分复用的MAC协议，以及CSMA/CA与CDMA相结合、TDMA和FDMA相结合的MAC协议。

1.3.4 无线通信技术

无线传感器网络使用低功耗、短距离的无线通信技术进行数据传输。IEEE

802.15.4标准是针对低速无线个人域网络的无线通信标准，把低功耗、低成本作为设计的主要目标，旨在为个人或者家庭范围内不同设备之间低速联网提供统一标准，现已成为无线传感器网络中普遍采用的无线通信平台[83]。

超带宽技术（Ultra Wide Band，UWB）是一种极具潜力的无线通信技术，具有对信道衰落不敏感、发射信号功率谱密度低、截获能力低、系统复杂度低、能提供厘米级的定位精度等优点，非常适合应用于无线传感器网络中。目前关于UWB的两种技术方案分别是DC-CDMA单频带方案和OFDM多频带方案[84]。

1.3.5 网络安全

为了保证无线传感器网络的可用性、传输数据的机密性、获取信息的完整性和可认证性，网络安全技术在无线传感器网络中扮演着重要的角色。但由于无线传感器网络有可能大规模部署在敌方阵地或者无人值守的野外区域内，攻击者容易捕获低成本的无线传感器节点，破获密钥信息，进而部署恶意节点破坏无线传感器网络正常获取信息的能力；无线传感器节点的资源受限使得一些复杂的安全机制无法应用于无线传感器网络；无线多跳通信的特性也使得窃听、干扰等攻击更加容易。目前，无线传感器网络的安全研究主要集中在加密算法、攻击与防御策略、密钥管理、入侵检测、安全架构、安全定位、安全数据聚合等方面[85]。

1.3.6 定位技术

确定事件发生的位置或采集数据的节点位置是无线传感器网络最基本的功能之一。根据节点的位置是否确定，无线传感器节点可以分为信标节点和位置未知节点。信标节点的位置是已知的，位置未知节点需要根据少数信标节点按照三边测量法、三角测量法或者极大似然估计法等定位机制确定自身的位置。根据定位过程中是否实际测量节点之间的距离或角度，无线传感器网络中的定位技术可分为基于距离的定位和距离无关的定位两大类[86]。

基于距离的定位机制就是通过测量相邻节点间的实际距离或方位来确定

未知节点的位置，通常采用测距、定位和修正等步骤实现。根据测量节点间距离或方位时所采用的方法，基于距离的定位可分为基于TOA的定位[87]、基于TODA的定位[88]、基于AOA的定位[89]、基于RSSI的定位[90]等。由于要实际测量节点间的距离或角度，基于距离的定位机制通常定位精度相对较高，所以对节点的硬件也提出了较高的要求。

距离无关的定位机制无需实际测量节点间的绝对距离或方位就能够确定未知节点的位置，目前提出的定位机制主要有质心算法[91]、DV-Hop算法[92]、Amorphous算法[93]、APIT算法[94]等。由于无需测量节点间的绝对距离或方位，因此降低了对节点硬件的要求，使得节点成本更低，非常适合于大规模的无线传感器网络。距离无关的定位机制的定位性能受环境因素的影响小，虽然定位误差相应有所增加，但定位精度能够满足多数无线传感器网络应用的需求，是目前重点关注的定位机制。

1.3.7 时间同步

时间同步是需要协同工作的无线传感器网络系统的一个关键机制。如测量移动车辆速度需要计算不同传感器检测事件的时间差，通过波束阵列确定声源位置的节点也需要时间同步。目前互联网中使用的NTP协议和利用GPS系统与UTC时间同步的技术因为成本高，需要稳定的链路，并且在室内、森林或水下等有掩体的环境中无法使用等缺点，并不适合无线传感器网络[95]。

在目前已提出的无线传感器网络时间同步机制中，RBS、TINY/MINI-SYNC和TPSN是三种普遍采用的同步机制。RBS机制是基于接收者—接收者的时间同步，一个节点广播时钟参考分组，广播域内的两个节点分别采用本地时钟记录参考分组的到达时间，通过交换记录时间来实现它们之间的时钟同步[96]。TINY/MINI-SYNC是简单的轻量级同步机制，假设节点的时钟漂移遵循线性变化，那么两个节点之间的时间偏移也是线性的，可通过交换时标分组来估计两个节点间的最优匹配偏移量[97]。TPSN采用层次结构实现整个网络节点的时间同步，所有节点按照层次结构进行逻辑分级，通过基于发送者—接收者的节点对方式，每个节点能够与上一级的某个节点进行同步，从而实现所有节点都与根节点的时间同步[98]。

1.3.8 数据聚合

数据聚合技术是指无线传感器节点利用本地处理能力，先对采集到的或接收到的其他无线传感器节点发送来的数据进行网内处理，从而消除冗余信息，随后再传输处理后的数据。由于多个传感器节点对同一事件采集到的数据是相同的或相近的，并且数据回传存在一定的重复路径，所以使用数据聚合技术可以有效地节省无线传感器网络的能量[99]。

无线传感器网络中有代表性的数据聚合方法可分为基于树的数据聚合方法、多路径数据聚合方法、基于簇的数据聚合方法三大类。其中，基于树的数据聚合方法通过构造优化的数据聚合树来聚合数据，代表性的算法包括CNS（Center at Nearest Source）算法、SPT（Shortest Path Tree）算法和GIT（Greedy Incremental Tree）算法等[100]。多路径数据聚合方法通过利用多条路由避免单条链路的失效和数据的丢失，代表性的算法包括ODI（Order and Duplicate Insensitive）方法[101]和Synopsis Diffusion方法[102]等。基于簇的数据聚合方法利用相邻传感器节点形成簇进行数据聚合，从而有效地节省整个传感器网络所需的能量，代表性的算法包括CAG（Clustered Aggregation）算法[103]和GAF（Geographic Adaptive Fidelity）算法[104]等。

1.3.9 其他研究领域

目前，学术界和工业界的研究人员在无线传感器网络的其他研究领域也开展了大量的研究工作，如数据管理、网络覆盖[105]、嵌入式操作系统[106, 107]、仿真平台[108]和应用层协议等，在此就不逐一赘述了。

1.4 本书组织结构

本书针对无线传感器网络中的数据收集问题，以提高传感网中数据收集操作的效率，降低系统资源的消耗为主要目标，分别从无线传感器网络结构优化、感知数据压缩与重构、基于深度学习的编解码结构设计等方面，阐述了多种高效节能的无线传感器网络数据收集模型与方案。书中各章主要内容之间的关系如图1-10所示。

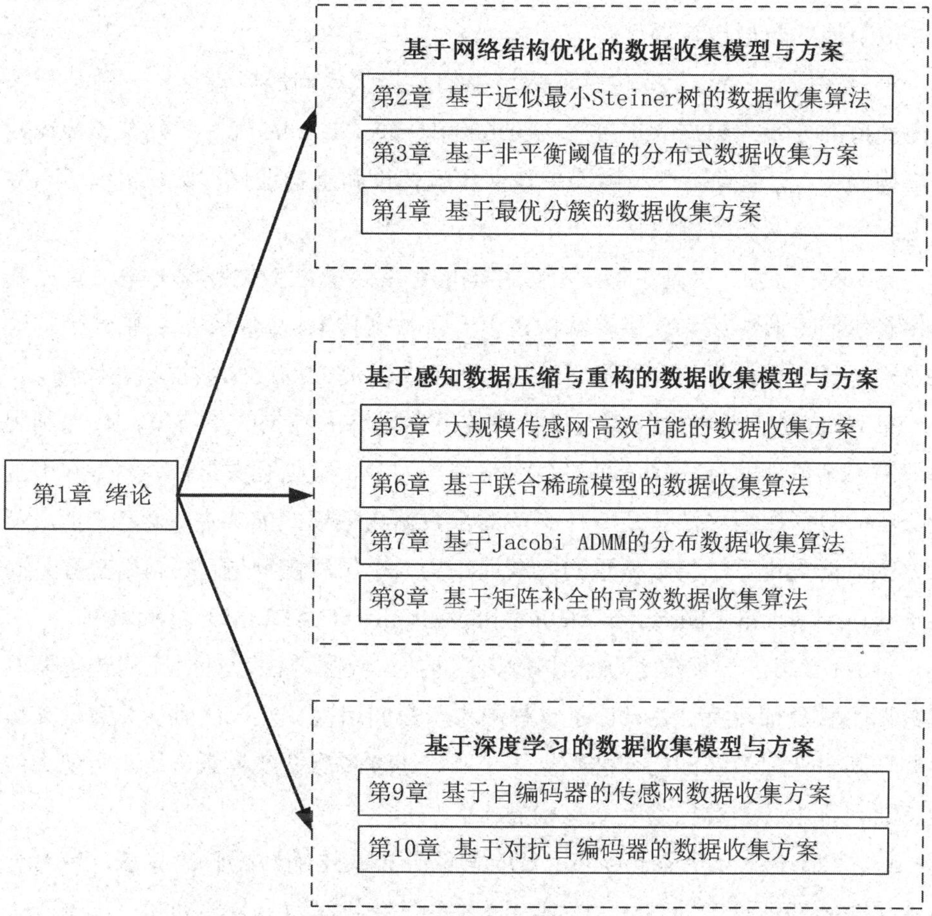

图 1-10 本书组织结构

Figure 1-10 The architecture of the book

本书各章的具体内容包括：

第1章介绍了无线传感器网络的基本概念、结构和特点，简述了无线传感器网络的应用领域，分析了无线传感器网络的国内外研究现状，并从多角度详细阐述了无线传感器网络中的关键技术和研究热点。

第2章描述了一种基于近似最小Steiner树的数据收集算法，通过采用分布式迭代选举父节点的方式，动态构建了一棵平衡的层次分离树，从而实现了分簇结构无线传感器网络或多Sink节点无线传感器网络中簇头节点或Sink节点之间高效节能的数据传输操作。

第3章针对多Sink无线传感器网络中的数据收集问题，设计了一种基于非平衡阈值的分布式数据收集方案，通过采用分布式Top-$|K|$查询和分布式稀疏数据重构操作，有效地减少了网络中数据传输代价和重构迭代次数，实现了高效的无线传感器网络数据收集。

第4章介绍了一种基于最优分簇结构的无线传感网数据收集方案，首先基于伪希尔伯特曲线簇头连接算法构建了一条数据传输链路，然后利用分簇构建算法实现了一种最优的分簇网络结构，从而实现高效的感知数据收集操作。

第5章描述了一种面向大规模无线传感器网络的数据收集方案，首先利用基于空间相关性的分簇算法将整个网络划分为多个数据相关的簇，然后利用基于分簇的数据压缩算法构建一棵支持混合数据收集模式的数据收集树，最后利用分簇数据重构算法将数据重构问题抽象为一个组稀疏问题，并利用交替方向乘子法（Alternating Direction Method of Multipliers，ADMM）进行求解。

第6章介绍了一种基于联合稀疏模型的数据收集算法，针对无线传感器网络数据的联合稀疏特性，设计了一种同步子空间追踪算法，从而计算数据支撑集并在其中选取最匹配的传感数据子矩阵，通过多次迭代逼近，从而实现无线传感器网络中感知数据的高效重构操作。

第7章描述了一种基于Jacobi ADMM的分布式压缩数据收集算法，针对分布式压缩感知理论中的JSM 1模型，通过将信号分解为公共部分和个体部分，并在交替方向乘子法中引入近似项进行求解，从而实现无线传感器网络的分布式数据收集操作。

第8章介绍了一种基于矩阵补全的无线传感器网络数据收集方案，通过将传感器网络数据收集问题转换为低秩矩阵分解问题，并依据Johnson-Lindenstrauss引理对Kaczmarz迭代中的投影操作降维，从而提高了矩阵补全算法的重构性能。

第9章利用自编码器设计了一种适用于无线传感器网络的数据收集方案。在模型训练阶段，利用历史监测数据进行模型训练，从而学习到测量矩阵和重构矩阵。在数据收集阶段，首先利用测量矩阵实现分布式数据压缩，然后利用重构矩阵重构网络中的所有监测数据，以实现兼具高重构精度和快重构速度的目标。

第10章利用对抗自编码器设计了一种基于对抗自编码器的数据收集方案。首先训练对抗自编码器模型，从而学习一个更符合原始数据的特征的测量矩阵。然后利用学习到的测量矩阵对数据进行压缩，并将压缩结果传输到服务器端进行数据解码重构，从而实现高压缩率和低重构误差的目标。

第 2 章　基于近似最小 Steiner 树的数据收集算法

2.1 算法概述

在典型的无线传感器网络应用中，无线传感器节点的能量资源往往是十分有限的，而且在能量耗尽时无法随时进行更新或补充。因此，在分簇结构无线传感器网络和多Sink节点无线传感器网络中，簇头节点和Sink节点之间在同步数据和交换信息时，应选择最优的中间转发路径进行数据传输，从而有效地降低网络延迟，同时延长无线传感器节点的工作寿命。

本章设计了一种基于近似最小Steiner树的路由算法——MISTER（Approximate Minimum Steiner Tree Based Routing）[109]。该算法通过在簇头节点之间或多Sink节点之间逐步建立一棵层次分离树，从而构建一棵有界的近似最小Steiner树。在后续的数据传输过程中，可通过在该近似最小Steiner树中寻找首个共同祖先的方式，抽取对应节点间的最优数据传输路径，从而实现无线传感器网络的高效数据传输。

2.2 相关工作

在分簇无线传感器网络或多Sink无线传感器网络中，簇头节点间或多Sink节点间的最短通信路径问题可以抽象为最小Steiner树（Minimum Steiner Tree，

MST）问题。该问题是一个经典的组合优化问题，当给定加权图G=（V，E）和顶点集合$R \subseteq V$时，最小Steiner树可定义为连接集合R中所有顶点且具有最小权重和的一棵树[110]。

虽然在图中搜索最小Steiner树已被证明为NP难问题，基于近似最小Steiner树的无线传感器网络数据收集算法可通过构建层次分离树以近似原始图，进而抽取相应的最小Steiner树，从而将权重值误差控制在一定的范围内[111]。

本质上，α层次分离树（α-HST，α-Hierarchically well-Separated Tree）是一棵加权树，它需要满足以下三个条件：

（1）每个节点到其子节点的权重值相等；

（2）根节点到所有叶子节点具有相同的跳数；

（3）根节点到叶子节点的边权重依次递减α倍。

图2-1展示了一棵层次分离树的结构示意图，其中，α的值为2。在该图中，位于树的最底层叶子节点为原始图中的实际顶点，树中的其余节点为虚拟顶点，可以分别映射到原始图中的一个或多个实际顶点。

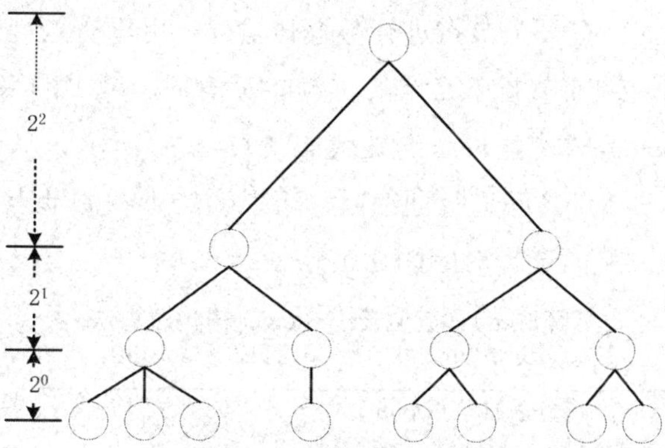

图 2-1　层次分离树示例

Figure 2-1 An example of the hierarchically well-separated tree

Fakcharoenphol等人在文献[112]中提出了一种集中式的2-层次分离树随机抽取算法，具有对数近似精度。即：对于任意的u，$v \in G$，2-层次分离树中的距离 $d_T(u,v)$ 和原始图中的距离 $d(u,v)$ 满足如下关系：

$$d_T(u,v) \geqslant d(u,v) \tag{2-1}$$

$$E[d_T(u,v)] \leqslant O(\log n)d(u,v) \tag{2-2}$$

然而，上述算法是一种自顶向下的集中式算法，并不适用于无线传感器网络这种分布式结构的网络。随后，Gao等人针对分布式网络结构，提出了一种自底向上的分布式随机层次分离树构建算法[113]。为了方便描述，本章将分簇无线传感器网络中簇头节点和多Sink无线传感器网络中的Sink节点统称为骨干节点，将其余传感器节点统称为普通传感器节点。

2.3 算法描述

在随机层次分离树构建算法[113]中，普通传感器节点和骨干节点的ID是随机分配的。因此，所生成的随机层次分离树的结构具有随机性和差异性。而且，在绝大多数情况下，骨架节点之间的通信路径要绕过外围传感器节点，从而会导致消耗过多的能量，并带来较长的网络延时。

在本章提出的MISTER算法中，将骨干节点和普通传感器节点的ID从部属区域的中心向外围以递增的方式进行分配，从而保证后续构建的层次分离树具有向心结构。因此，在骨干节点进行数据传输时，可以有效地避免通信链路中的“绕道”现象，进而节省不必要的传输能量消耗，减少网络时延。

近似最小Steiner树构建算法的伪代码如算法2-1所示。当构建完近似最小Steiner树后，骨干节点之间进行通信时，可以通过查找源节点与目标节点之间的公共祖先节点，从而选择对应的通信路径。

算法 2-1：近似最小 Steiner 树构建算法
Algorithm 2-1: The MISTER algorithm

输入：包含$n-m$个普通传感器节点和m个骨干节点的无线传感器网络。
输出：近似最小Steiner树。
按照自内向外递增的方式分配普通传感器节点和骨干节点的ID。
从[0.5,1]之间均匀选择随机数β。
令候选集$S=\{n-m$个普通传感器节点和m个骨干节点$\}$。
While $|S|\neq 1$
　　节点$u\in S$在半径为$2^{i+1}\beta$的范围内广播分配的ID。
　　节点$u\in S$选择具有最小ID的邻居节点$v\in B(u, 2^{i+1}\beta)$。
　　节点$u\in S$选择邻居节点v为其第i级祖先。
　　将未被选中节点从候选集S中移除。
End While

图2-2展示了近似最小Steiner树构建算法的一个运行示例。该无线传感器网络中共包含7个普通传感器节点和3个骨干节点。

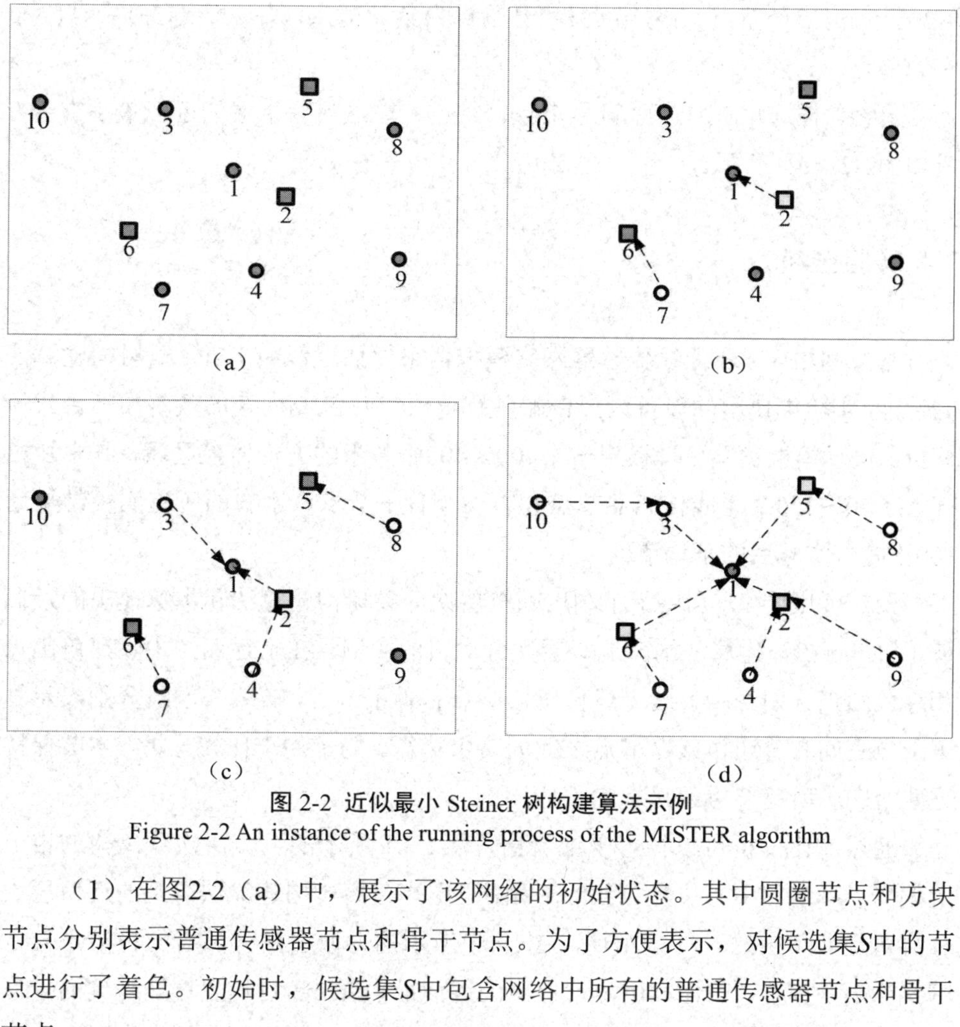

图 2-2 近似最小 Steiner 树构建算法示例
Figure 2-2 An instance of the running process of the MISTER algorithm

（1）在图2-2（a）中，展示了该网络的初始状态。其中圆圈节点和方块节点分别表示普通传感器节点和骨干节点。为了方便表示，对候选集S中的节点进行了着色。初始时，候选集S中包含网络中所有的普通传感器节点和骨干节点。

（2）在图2-2（b）中，2号节点和7号节点分别选取1号节点和6号节点为其父节点，随后将2号节点和7号节点从候选集S中移除。

（3）在图2-2（c）中，4号节点、3号节点和8号节点分别选取2号节点、1号节点和5号节点为其父节点，随后将4号节点、1号节点和5号节点从候选集

S中移除。

（4）在图2-2（d）中，6号节点、10号节点、5号节点和9号节点分别选取1号节点、3号节点、1号节点和2号节点为其父节点，并从候选集S中移除相应的节点。

最终，候选集S中仅保留1号节点，经过三轮迭代后生成的近似最小Steiner树如图2-2（d）所示。

2.4 实验分析

本节利用Wislab无线传感器网络模拟器来评估近似最小Steiner树构建算法的性能。实验中使用的设备为一台配备有双核CPU和4G内存的戴尔品牌台式计算机。仿真模拟实验环境模拟一个400×400平方米的方形监控区域，其中随机部署了40～100个无线传感器节点和4～8个骨干节点。本节的所有实验结果为100次随机实验后的平均值。

图2-3和图2-4分别展示了利用随机层次分离树构建算法和本章提出的近似最小Steiner树构建算法构建近似层次分离树的实例。在上述两图中，黑色圆点和绿色圆点分别表示普通无线传感器节点和骨干节点，实线和虚线分别表示骨干节点之间和普通传感器节点之间的路由路径。为了便于比较分析，本节保持这两个图中所有节点的显示ID值相同。

通过对比分析可以很容易地看出，图2-3中所示的近似层次分离树的根节点偏离了网络的中心位置，因此利用随机层次分离树构建算法得到的近似层次分离树是非平衡的。与之相反，图2-4中所示的近似层次分离树的根节点位于网络的中心位置，因此利用本章提出的近似最小Steiner树构建算法得到的近似层次分离树具有较好的平衡性。进而，在MINSTER算法生成的近似层次分离树中，骨干节点之间传输聚合数据时所需的跳数更少，消耗的能量更低。

图2-5展示了上述两种算法在不同节点数量条件的平均跳数。实验中部署4个骨干节点，每个传感器节点的通信半径统一设为50米。从图中可以看出，本章提出的近似最小Steiner树构建算法在不同节点数量条件均产生最小规模的

平均跳数。因此，利用近似最小Steiner树构建算法进行骨干节点间数据传输或同步信息时，无线传感器节点会消耗更少的能量。

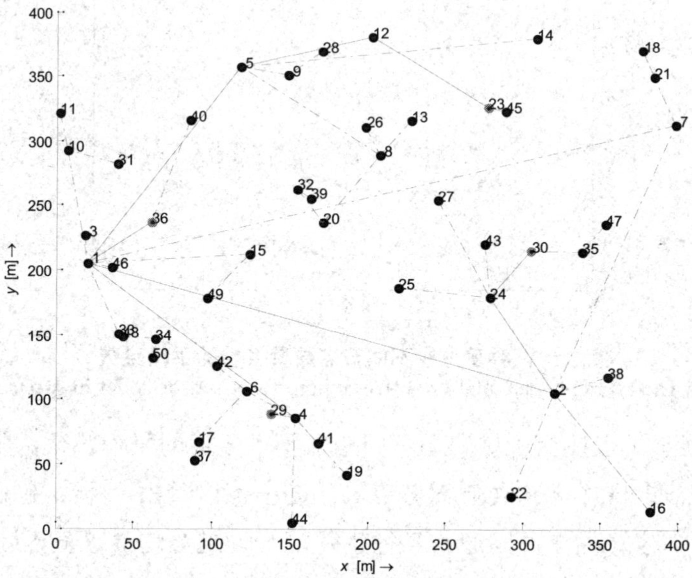

图 2-3 随机层次分离树构建算法实例

Figure 2-3 An instance of the random hierarchical separated tree based algorithm

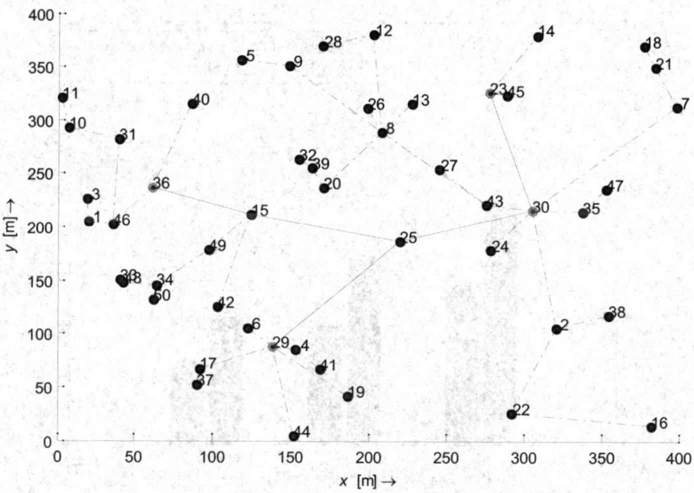

图 2-4 近似最小 Steiner 树构建算法实例

Figure 2-4 An instance of the MISTER algorithm

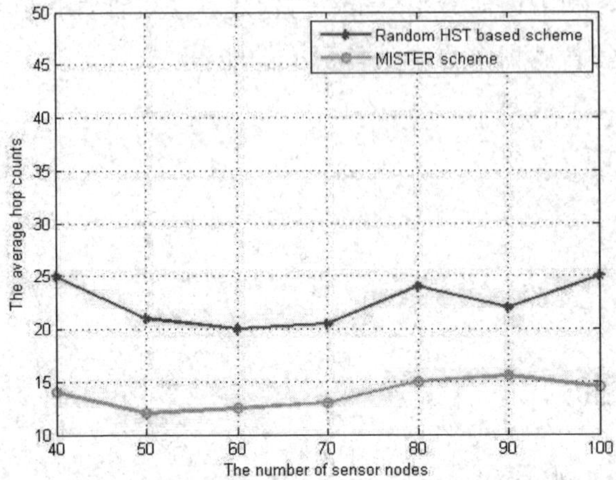

图 2-5 两种算法在不同节点数量条件的平均跳数

Figure 2-5 The average hop counts at different number of sensor nodes in two algorithms

图2-6展示了上述两种算法在不同通信半径条件的平均跳数。实验中部署4个骨干节点和100个普通传感器节点。从图中可以看出，本章提出的近似最小Steiner树构建算法在不同通信半径条件的平均跳数均显著低于随机层次分离树构建算法。同时，上述两种算法产生的平均跳数均随着通信半径的增加而减小。

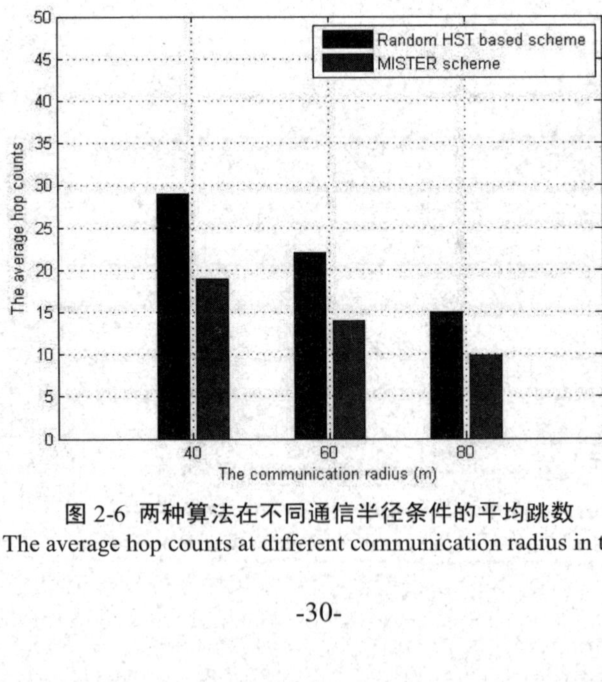

图 2-6 两种算法在不同通信半径条件的平均跳数

Figure 2-6 The average hop counts at different communication radius in two algorithms

2.5 本章小结

本章提出了一种基于近似最小Steiner树的数据收集算法，通过迭代选举父节点的方式，可以分布式地构建一棵平衡的层次分离树。实验结果表明，该算法在分簇结构无线传感器网络和多Sink节点无线传感器网络中，骨干节点间传输数据时比现有算法消耗更少的能量。

第 3 章　基于非平衡阈值的分布式数据收集方案

3.1 方案概述

在多Sink无线传感器网络中，多个Sink节点之间同步各自收集到的数据集具有非常大的挑战。本章针对上述问题，设计了一种基于非平衡阈值的分布式数据收集方案。该方案包含基于非平衡阈值的分布式Top-|K|查询算法和分布式迭代硬阈值算法。其中，基于非平衡阈值的分布式Top-|K|查询算法通过计算非平衡阈值并削减不必要的Sink节点间元素交换，从而实现Sink节点之间的Top-|K|元素同步。随后，分布式迭代硬阈值算法基于上述同步结果，以分布式合作的方式在所有Sink节点中重构整个无线传感器网络所收集到的感知数据集。

3.2 相关工作

3.2.1 压缩感知理论

在压缩感知理论中，定义向量 $\boldsymbol{x} \in \mathbf{R}^{n}$ 为原始信号，向量 $\boldsymbol{y} \in \mathbf{R}^{m}$ 为观测信号，向量 $\boldsymbol{z} \in \mathbf{R}^{m}$ 为观测噪声，测量矩阵 $\boldsymbol{\Phi} \in \mathbf{R}^{m \times n}$ 用于将原始信号投影为观测信号，其中 $m < n$ 。整个信号采集过程可以表示为：

$$\boldsymbol{y}=\boldsymbol{\Phi x}+\boldsymbol{z} \tag{3-1}$$

由于 $m<n$，因此欠定系统（3-1）有无穷多个解，无法由观测信号$\boldsymbol{y}$对原始信号$\boldsymbol{x}$进行精确数据重构。然而，常见的自然信号虽然在时域内是非稀疏的，但是在某个变化基 $\boldsymbol{\Psi}\in\mathbf{R}^{n\times n}$ 下一般是稀疏的，因此原始信号$\boldsymbol{x}$可以表示成：

$$\boldsymbol{x}=\boldsymbol{\Psi s} \tag{3-2}$$

其中，$\boldsymbol{s}\in\mathbf{R}^{n}$ 为K稀疏向量，即 $\|\boldsymbol{s}\|_0=k$，$\|\boldsymbol{s}\|_0$ 表示向量$\boldsymbol{s}$中非零元素的个数。将式（3-2）代入式（3-1）中可得：

$$\boldsymbol{y}=\boldsymbol{\Phi x}+\boldsymbol{z}=\boldsymbol{\Phi\Psi s}+\boldsymbol{z}=\boldsymbol{As}+\boldsymbol{z} \tag{3-3}$$

其中，矩阵 $\boldsymbol{A}=\boldsymbol{\Phi\Psi}\in\mathbf{R}^{m\times n}$ 称为感知矩阵。现有理论已经证明，如果感知矩阵$\boldsymbol{A}$满足约束等距性质[114]，并且观测信号$\boldsymbol{y}$的维数 $m=O(k\ln(n))$，则原始信号$\boldsymbol{x}$可通过求解优化问题

$$\begin{aligned}&\min_{\boldsymbol{x}}\ \|\boldsymbol{x}\|_0\\&\text{s.t.}\ \|\boldsymbol{Ax}-\boldsymbol{y}\|_2\leqslant\varepsilon\end{aligned} \tag{3-4}$$

进行精确重构。然而，优化问题（3-4）是NP困难的，在实际求解过程中一般将其松弛为优化问题

$$\begin{aligned}&\min_{\boldsymbol{x}}\ \|\boldsymbol{x}\|_1\\&\text{s.t.}\ \|\boldsymbol{Ax}-\boldsymbol{y}\|_2\leqslant\varepsilon\end{aligned} \tag{3-5}$$

进行求解，其中 $\|\boldsymbol{x}\|_1$ 表示向量$\boldsymbol{x}$中非零元素的绝对值之和。针对优化问题（3-5），现有文献中已提出了多种数据重建算法。根据采用的核心技术和基本理论不同，它们可以分为以下两类：

（1）优化算法。在该类算法中，主要采用多种凸优化方法来搜索优化问题（3-5）的解。代表性的算法包括基追踪算法[115]、内点算法[116]、同伦算法[117]等。

（2）贪婪算法。该类算法基于一定的贪婪选择策略迭代地选择支持集或重构信号的元素。代表性的算法包括正交匹配追踪算法[118]、正则化正交匹配追踪算法[119]、压缩采样匹配追踪算法[120]、子空间匹配追踪算法[121]、迭代硬阈值算法[122]和迭代软阈值算法[123]等。

3.2.2 迭代硬阈值算法

迭代硬阈值算法[122]属于贪婪算法，其基本思想是利用感知矩阵$\boldsymbol{A}$的转置来近似感知矩阵的逆，即令$\boldsymbol{A}^{\mathrm{T}} \approx \boldsymbol{A}^{-1}$，通过多次迭代运算来求解优化问题（3-5）。

由约束条件可知$\boldsymbol{Ax} \approx \boldsymbol{y}$，因此$\boldsymbol{A}^{\mathrm{T}}\boldsymbol{Ax} \approx \boldsymbol{A}^{\mathrm{T}}\boldsymbol{y}$，进而可得：

$$\boldsymbol{x} \approx (\boldsymbol{I} - \boldsymbol{A}^{\mathrm{T}}\boldsymbol{A})\boldsymbol{x} + \boldsymbol{A}^{\mathrm{T}}\boldsymbol{y} \tag{3-6}$$

以式（3-6）为基础构造迭代公式

$$\boldsymbol{x}^{(t+1)} = \boldsymbol{x}^{(t)} + \boldsymbol{A}^{\mathrm{T}}(\boldsymbol{y} - \boldsymbol{Ax}^{(t)}) \tag{3-7}$$

因为原始信号是K稀疏的，所以在每次迭代过程中通过硬阈值操作$\boldsymbol{H}_K()$选取当前信号中绝对值最大的前K项元素进入下一次迭代，即将式（3-7）修改为：

$$\boldsymbol{x}^{(t+1)} = \boldsymbol{H}_K(\boldsymbol{x}^{(t)} + \boldsymbol{A}^{\mathrm{T}}(\boldsymbol{y} - \boldsymbol{Ax}^{(t)})) \tag{3-8}$$

其中，硬阈值操作

$$\boldsymbol{H}_K(\boldsymbol{x})_i = \begin{cases} x_i, & x_i \in \{x_{\mathrm{Top}-|k|}\} \\ 0, & x_i \notin \{x_{\mathrm{Top}-|k|}\} \end{cases} \tag{3-9}$$

式（3-9）中$x_{\mathrm{Top}-|k|}$表示$\boldsymbol{x}$中绝对值最大的前K项元素。经过若干次迭代后，迭代硬阈值算法将收敛至优化问题（3-5）的最优解。

3.3 方案描述

基于非平衡阈值的分布式数据收集方案包含基于非平衡阈值的分布式Top-|*K*|查询算法和分布式迭代硬阈值算法[124]。其中，前者用于实现Sink节点之间的Top-|*K*|元素同步，后者利用同步结果在所有Sink节点中重构整个网络所收集到的感知数据集。

本方案的网络模型如图3-1所示。假设无线传感器网络中随机部署了*P*个Sink节点和*N*个无线传感器节点，每个节点都有唯一的ID。其中，ID值最小的Sink节点被指定为管理节点，其他Sink节点被指定为成员节点。假设网络中配置有多Sink节点路由协议，如动态流量感知路由协议[125]或可扩展梯度路由协议[126]等，每个无线传感网节点可将采集到的感知信息传输至最近的Sink节点。

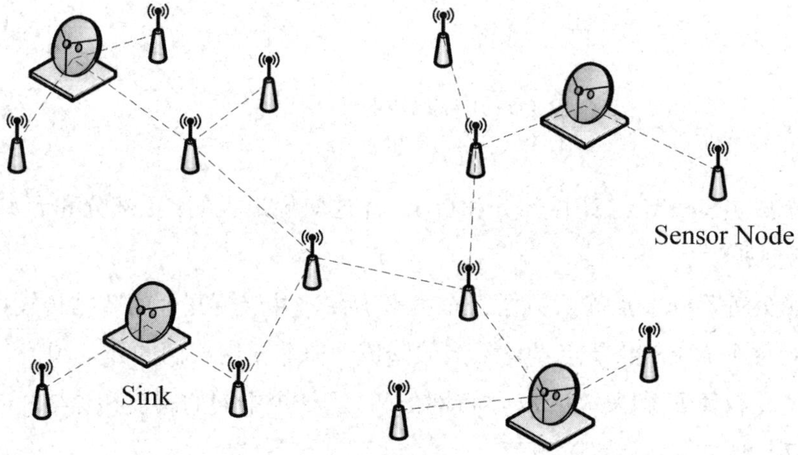

图 3-1 网络模型

Figure 3-1 The network model

3.3.1 基于非平衡阈值的分布式Top-|K|查询算法

近年来，Top-|K|查询在关系数据库系统、内容分发网络和多媒体检索系统等领域受到了广泛的关注。但是，在该类查询中只能使用单调聚合函数，而迭代硬阈值算法中的硬阈值操作 $\boldsymbol{H}_K()$ 具有非单调性，它需要获取当前信号中绝对值最大的前K项元素。因此，经典的Top-K查询算法，如阈值算法（Thresholding Algorithm，TA）[127]和三阶段均匀阈值算法（Three Phase Uniform Threshold，TPUT）[128]等无法直接应用于迭代硬阈值算法中。

在基于非平衡阈值的分布式Top-|K|查询算法中，每个Sink节点i维护一个包含有对象——值对$(O_j, V_i(j))$的降序列表L_i，其中索引j的取值范围为1至元素个数N_i。如果某一节点未出现在列表中，则设其默认值为零。

基于非平衡阈值的分布式Top-|K|查询算法只涉及网络中的Sink节点，它包括以下三个阶段：

（1）非平衡阈值计算阶段

在非平衡阈值计算阶段，每个成员Sink节点将其前K个正元素和后K个负元素发送给管理Sink节点。随后，管理Sink节点根据下式

$$P(j)=\sum_{i=1}^{P}V_i'(j) \tag{3-10}$$

$$V_i'(j)=\begin{cases}V_i(j), & V_i(j)\text{已知}\\ 0, & V_i(j)\text{未知}\end{cases} \tag{3-11}$$

针对每个成员Sink节点j计算部分和$P(j)$，并选取出最大的K正部分和$\overline{\tau}^1$和最小的K负部分和$\underline{\tau}^1$。

为了处理不同节点间的数据分布不平衡性，并避免冗余的数据传输操作，算法针对每个成员Sink节点设置不同的阈值，而非使用相同的公共阈值。根据计算出的正权值$\overline{\omega}_i$和负权值$\underline{\omega}_i$，将部分和分为P个不同的阈值和$\overline{T}_i$与$\underline{T}_i$。

（2）候选集合计算阶段

在候选集合计算阶段，当$V_i(j)\geqslant\overline{T}_i^1$或$V_i(j)\leqslant\underline{T}_i^1$时，每个成员Sink节点将未发送的对象——值对$(O_j, V_i(j))$发送给管理Sink节点。随后，管理Sink节点根据式（3-10）和（3-11）更新部分和，并重新选取最大的K正部分和$\overline{\tau}^2$与最小的K负部分和$\underline{\tau}^2$。此外，管理Sink节点针对每个成员Sink节点j计算上界$U(j)$与下界$L(j)$，即：

$$U(j)=\sum_{i=1}^{P}\overline{V}_i(j) \tag{3-12}$$

$$\overline{V}_i(j)=\begin{cases}V_i(j), & V_i(j)\text{已知}\\ \overline{T}_i, & V_i(j)\text{未知}\end{cases} \tag{3-13}$$

$$L(j)=\sum_{i=1}^{P}\underline{V}_i(j) \tag{3-14}$$

$$\underline{V}_i(j)=\begin{cases}V_i(j), & V_i(j)\text{已知}\\ \underline{T}_i, & V_i(j)\text{未知}\end{cases} \tag{3-15}$$

上界$U(j)$和下界$L(j)$用于估算每个对象的极值区间。如果$U(j)<\overline{\tau}^2$或$L(j)>\underline{\tau}^2$，则可保证对象j的总和

$$W(j)=\sum_{i=1}^{P}V_i(j) \tag{3-16}$$

不会包含在Top-|K|聚合和里。因此，可以将对象j排除在候选集S之外。

（3）Top-|*K*|元素计算阶段

在Top-|*K*|元素计算阶段，每个成员Sink节点将候选集中未发送的对象——值对$(O_j, V_i(j))$发送给管理Sink节点。然后，管理Sink节点根据式（3-16）为每个对象*j*计算总和，并选取Top-|*K*|个聚合和。

基于非平衡阈值的分布式Top-|*K*|查询算法的伪代码如算法3-1所示。

算法 3-1：基于非平衡阈值的分布式 Top-|*K*|查询算法

Algorithm 3-1: The unbalanced threshold based distributed Top-|*K*| query algorithm

---

输入：降序列表$L_i=\left\{\left(O_j,V_i(j)\right)\middle| i\in\{1,\cdots,P\}, j\in\{1,\cdots,N_i\}\right\}$。

输出：Top-|*K*|元素集合$S_{\text{Top-}|K|}$。

阶段1：非平衡阈值计算阶段

If 节点*i*为管理节点

利用$P(j)=\sum_{i=1}^{P}V_i'(j)$，$V_i'(j)=\begin{cases}V_i(j), & V_i(j)\text{已知}\\ 0, & V_i(j)\text{未知}\end{cases}$计算部分和*P*(*j*)。

令$\overline{\tau}^1=\min\left\{P_j\right\}_{\text{Top}-K}$，$\underline{\tau}^1=-\min\left\{-P_j\right\}_{\text{Top}-K}$。

计算权重$\overline{\omega}_i=\sum_{j=1}^{K}V_i(j)/K$，$\underline{\omega}_i=\sum_{j=N_i-K+1}^{N_i}V_i(j)/K$。

设置阈值$\overline{T}_i=\overline{\tau}^1\overline{\omega}_i\Big/\sum_{i=1}^{P}\overline{\omega}_i$，$\underline{T}_i=\underline{\tau}^1\underline{\omega}_i\Big/\sum_{i=1}^{P}\underline{\omega}_i$并发送给成员节点。

Else

发送集合$\left\{\left(O_j,V_i(j)\right)\middle| j\in\{1,\cdots,K\}\cup\{N_i-K+1,\cdots,N_i\}\right\}$给管理节点。

阶段2：候选集合计算阶段

If 节点*i*为管理节点

令$\overline{\tau}^2=\min\left\{P_j\right\}_{\text{Top}-K}$，$\underline{\tau}^2=-\min\left\{-P_j\right\}_{\text{Top}-K}$。

利用$P(j)=\sum_{i=1}^{P}V_i'(j)$，$V_i'(j)=\begin{cases}V_i(j), & V_i(j)\text{已知}\\ 0, & V_i(j)\text{未知}\end{cases}$计算部分和*P*(*j*)。

利用$U(j)=\sum_{i=1}^{P}\overline{V}_i(j)$，$\overline{V}_i(j)=\begin{cases}V_i(j), & V_i(j)\text{已知}\\ \overline{T}_i, & V_i(j)\text{未知}\end{cases}$计算上界*U*(*j*)。

利用$L(j)=\sum_{i=1}^{P}\underline{V}_i(j)$，$\underline{V}_i(j)=\begin{cases}V_i(j), & V_i(j)\text{已知}\\ \underline{T}_i, & V_i(j)\text{未知}\end{cases}$计算下界*L*(*j*)。

计算候选集$S=\left\{j\middle| j\in\left\{U(j)\geqslant\overline{\tau}^2\right\}\cup\left\{L(j)\leqslant\underline{\tau}^2\right\}\right\}$并发送给成员节点。

Else

发送未传集合$\left\{\left(O_j,V_i(j)\right)\middle| j\in\left\{V_i(j)\geqslant\overline{T}_i^1\right\}\cup\left\{V_i(j)\leqslant\underline{T}_i^1\right\}\right\}$给管理节点。

阶段3：Top-|K|元素计算阶段

If 节点i为管理节点

计算全部和$W(j)=\sum_{i=1}^{P}V_i(j)$。

令$S_{\text{Top-}|K|}=\left\{(O_j,V(j))\mid j\in\{\|W_j\|\}_{\text{Top-}K}\right\}$。

Else

发送未传集合$\left\{\left(O_j,V_i(j)\right)\middle| j\in S\right\}$给管理节点。

引理3-1：算法3-1中阶段1计算的非平衡阈值可确保Top-|K|对象位于阶段2所得的候选集中。

证明：假设对象O_k在阶段2中未发送给管理Sink节点，则其值$V_i(k)$必定小于$\overline{T}_i$且大于$\underline{T}_i$，即$\underline{T}_i<V_i(k)<\overline{T}_i$。因此，对象$O_k$的和满足：

$$\sum_{i=1}^{P}\underline{T}_i<\sum_{i=1}^{P}V_i(k)<\sum_{i=1}^{P}\overline{T}_i \tag{3-17}$$

由于$\sum_{i=1}^{P}\underline{T}_i=\sum_{i=1}^{P}\left(\underline{\tau}^1\underline{\omega}_i\Big/\sum_{i=1}^{P}\underline{\omega}_i\right)=\underline{\tau}^1$，$\sum_{i=1}^{P}\overline{T}_i=\sum_{i=1}^{P}\left(\overline{\tau}^1\overline{\omega}_i\Big/\sum_{i=1}^{P}\overline{\omega}_i\right)=\overline{\tau}^1$，因此上式可改写为：

$$\underline{\tau}^1<\sum_{i=1}^{P}V_i(k)<\overline{\tau}^1 \tag{3-18}$$

故对象O_k不属于Top-|K|对象，所有的Top-|K|对象均位于阶段2所得的候选集中。

引理3-2：算法3-1中阶段2所得的候选集可确保Top-|K|对象位于阶段3所得的计算结果中。

证明：假设对象O_k不属于阶段2所得的候选集，则对象O_k的所有值之和同时满足$\sum_{i=1}^{P}V_i(k)<U(j)<\overline{\tau}^2$且$\sum_{i=1}^{P}V_i(k)>L(j)<\underline{\tau}^2$，因此：

$$\underline{\tau}^2<\sum_{i=1}^{P}V_i(k)<\overline{\tau}^2 \tag{3-19}$$

由于$\overline{\tau}^2$与$\underline{\tau}^2$分别是最大K正部分和与最小K负部分和，因此已经存在K个部分和大于$\overline{\tau}^2$或小于$\underline{\tau}^2$的对象，故对象O_k不属于Top-|K|对象。因此，Top-|K|对象必将位于阶段3所得的计算结果中。

定理3-1：基于非平衡阈值的分布式Top-|K|查询算法可以获得多Sink无线传

感器网络中绝对值最大的前K个元素的聚合和。

证明：由引理3-1和引理3-2可知，Top-|K|对象位于阶段3所得的计算结果中。而且，管理Sink节点已获得了候选集中所有对象的所有值。因此，基于非平衡阈值的分布式Top-|K|查询算法可以精确地计算出多Sink无线传感器网络中绝对值最大的前K个元素的聚合和。

3.3.2 分布式迭代硬阈值算法

在无线传感器网络中，监测区域内观测数据之间的空间相关性意味着在某个时刻所有观测数据集 $\boldsymbol{x} \in \mathbf{R}^N$ 是K稀疏的。每个Sink节点i利用子观测矩阵 $\boldsymbol{A}_i \in \mathbf{R}^{M_i \times N}$ 对接收到的原始观测数据进行采样，得到 $\boldsymbol{y}_i \in \mathbf{R}^{M_i \times 1}$，即$\boldsymbol{y}_i=\boldsymbol{A}_i\boldsymbol{x}+\boldsymbol{z}_i$，其中 $\boldsymbol{z}_i \in \mathbf{R}^{M_i \times 1}$ 为噪声向量。因此，Sink节点集合可利用观测矩阵 $\boldsymbol{A}=[\boldsymbol{A}_1^{\mathrm{T}},\cdots,\boldsymbol{A}_P^{\mathrm{T}}]^{\mathrm{T}} \in \mathbf{R}^{M \times N}$ 获得完整的 $\boldsymbol{M}=\sum_{i=1}^{P}\boldsymbol{M}_i$ 维观测样本 $\boldsymbol{y}=[\boldsymbol{y}_1^{\mathrm{T}},\cdots,\boldsymbol{y}_P^{\mathrm{T}}]^{\mathrm{T}} \in \mathbf{R}^{M \times 1}$。进而，多Sink节点间的数据收集和同步过程可抽象为压缩感知问题（3-5），本节设计一种分布式迭代硬阈值算法，从而在多Sink节点间实现分布式协作的压缩感知数据重构。

首先，将感知数据的初始值 $\boldsymbol{x}^{(0)}$ 和迭代次数分别设置为 $n \times 1$ 维零向量和0。然后，每个Sink节点利用

$$\mu=\left(\mu_{MN}+\sigma_{MN}F^{-1}(1-\alpha)\right)^{-1/2} \tag{3-20}$$

计算步长 μ ，其中F是一阶Tracy-Widom分布的累积分布函数，1-α是分位数，参数 μ_{MN} 和 σ_{MN} 分别为：

$$\mu_{MN}=\left(1+\sqrt{(N-1)/M}\right)^2 \tag{3-21}$$

$$\sigma_{MN}=\frac{\sqrt{M}+\sqrt{N-1}}{M}\left(\frac{1}{\sqrt{M}}+\frac{1}{\sqrt{N-1}}\right)^{1/3} \tag{3-22}$$

由随机矩阵理论可知，当感知矩阵$\boldsymbol{A}$服从正态分布$N(0, 1/M)$时，步长 μ 是紧致的[129]。随后，每个Sink节点利用

$$z_i^{(t)} = \begin{cases} \boldsymbol{x}^{(t)} + \mu \boldsymbol{A}_i^{\mathrm{T}}(\boldsymbol{y}_i - \boldsymbol{A}_i \boldsymbol{x}^{(t)}), & i = 1 \\ \mu \boldsymbol{A}_i^{\mathrm{T}}(\boldsymbol{y}_i - \boldsymbol{A}_i \boldsymbol{x}^{(t)}), & i \neq 1 \end{cases} \tag{3-23}$$

计算中间结果 $z_i^{(t)}$ 并执行基于非平衡阈值的分布式Top-$|K|$查询算法以查询Top-$|K|$元素。管理Sink节点将获得的第t+1个重构结果分发给成员Sink节点。重复运行上述迭代过程，直至连续两次重构结果之差小于错误阈值θ。

分布式迭代硬阈值算法的伪代码如算法3-2所示。

算法 3-2：分布式迭代硬阈值算法

Algorithm 3-2: The distributed iterative hard thresholding algorithm

---

输入： 稀疏度K，错误阈值θ，子感知矩阵$\boldsymbol{A}_i$，样本$\boldsymbol{y}_i$，$i \in \{1, \cdots, P\}$。

输出： 感知数据$\boldsymbol{x}$。

$\boldsymbol{x}^{(0)} = \boldsymbol{0}, t = 0$。

利用 $\mu = \left(\mu_{MN} + \sigma_{MN} F^{-1}(1-\alpha)\right)^{-1/2}$ 计算步长 μ。

Do

　所有簇头节点利用 $z_i^{(t)} = \begin{cases} \boldsymbol{x}^{(t)} + \mu \boldsymbol{A}_i^{\mathrm{T}}(\boldsymbol{y}_i - \boldsymbol{A}_i \boldsymbol{x}^{(t)}), & i = 1 \\ \mu \boldsymbol{A}_i^{\mathrm{T}}(\boldsymbol{y}_i - \boldsymbol{A}_i \boldsymbol{x}^{(t)}), & i \neq 1 \end{cases}$ 计算中间结果 $\boldsymbol{z}_i^{(t)}$。

　所有簇头节点运行基于非平衡阈值的分布式Top-$|K|$算法。

　管理节点将计算结果 $\boldsymbol{x}^{(t+1)}$ 传输至其余簇头节点。

While $\left\|\boldsymbol{x}^{(t+1)} - \boldsymbol{x}^{(t)}\right\|_2 < \theta$

3.4 实验分析

3.4.1 性能分析

在本节中，通过利用MATLAB R2014b和Wislab无线传感器网络模拟器来评估基于非平衡阈值的分布式数据收集方案的性能。实验中使用的设备为一台配备有双核CPU和8G内存的便携式计算机。仿真模拟实验环境模拟一个400×400平方米的方形监控区域，其中随机部署了50～200个无线传感器节点和4～6个Sink节点。实验中通过叠加多个不相关的二维高斯分布来模拟具有空间关联性的数据源，测量矩阵选用高斯随机矩阵。

实验将从数据重构精度、通信复杂度和计算复杂度三个角度进行对比分析。

其中，数据重构精度选用信噪比$SNR = 20\log_{10}\left(x/\left|x-\tilde{x}\right|\right)$作为度量指标，其中$x$和$\tilde{x}$分别表示原始感知数据和重构数据。传输数据数量是指管理Sink节点和成员Sink节点之间的累计数据传输量，计算数据数量是指管理Sink节点和成员Sink节点之间的累计数据计算量。它们分别用来衡量通信复杂度和计算复杂度。

图3-2、图3-3和图3-4分别展示了不同数据采样率条件下的重构数据信噪比、传输数据数量和计算数据数量。

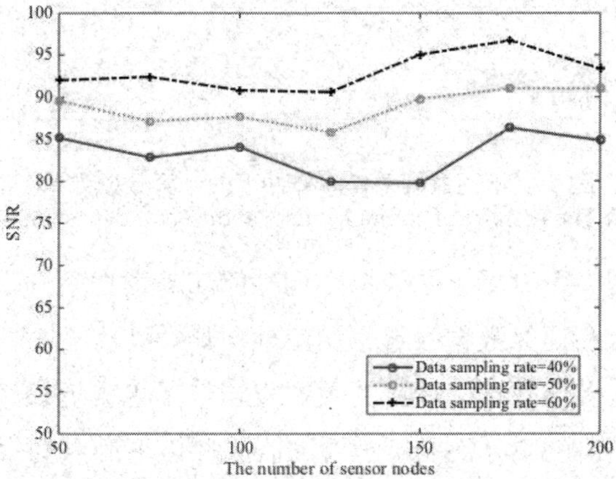

图 3-2　不同数据采样率条件下的重构数据信噪比
Figure 3-2 The SNR of reconstructed data at different data sampling rates

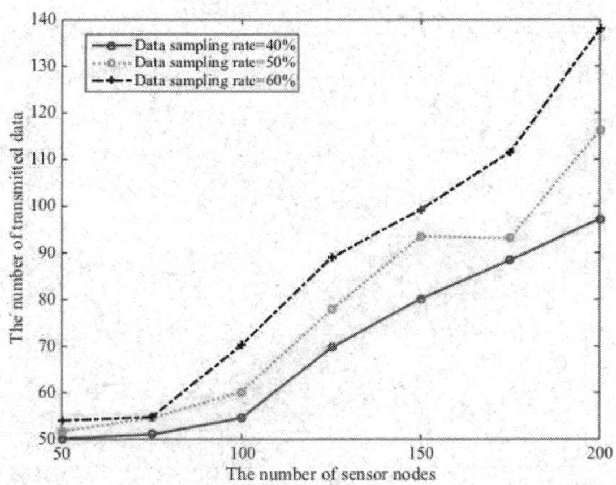

图 3-3　不同数据采样率条件下的传输数据数量
Figure 3-3 The number of transmitted data at different data sampling rates

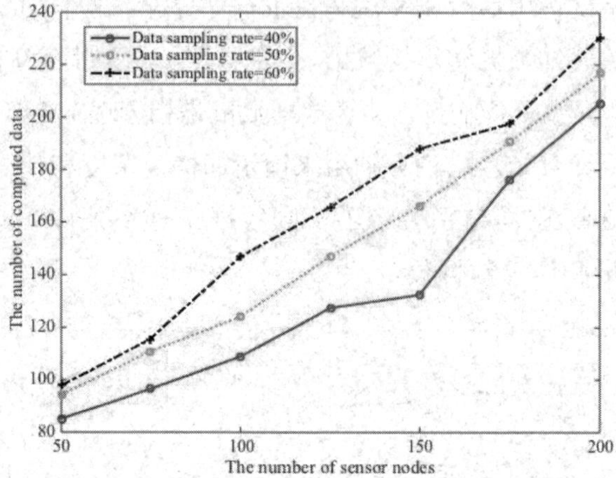

图 3-4 不同数据采样率条件下的计算数据数量
Figure 3-4 The number of computed data at different data sampling rates

从以上三幅图中可以看出，数据重构性能随着数据采样率的增加而提升，同时传输数据数量和计算数据数量也相应地增加。显然，数据采样率的增加会导致传输和计算更多的数据，相应的数据重构结果也会更加精确。

图3-5、图3-6和图3-7分别展示了不同监测环境下的重构数据信噪比、传输数据数量和计算数据数量。其中，监测区域内不相关数据源的个数从2逐渐增加至4。

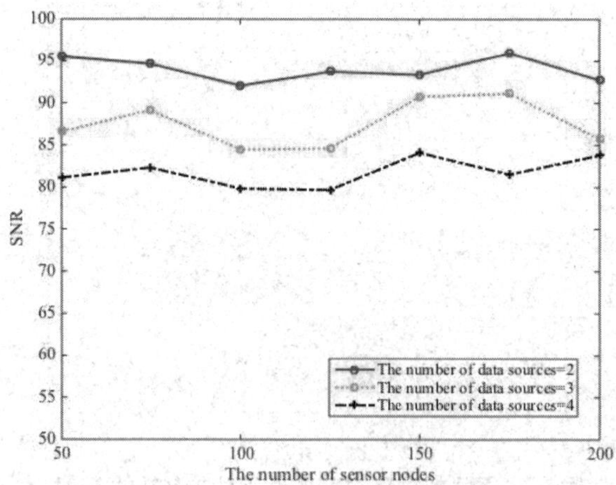

图 3-5 不同数据源个数条件下的重构数据信噪比
Figure 3-5 The SNR of reconstructed data at different number of data sources

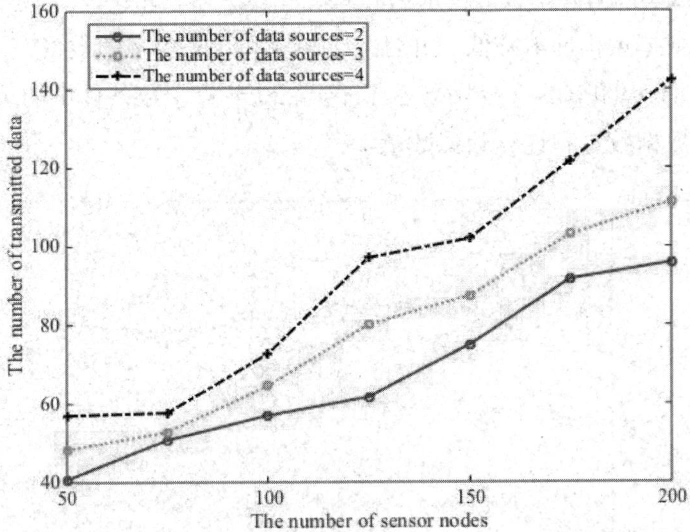

图 3-6 不同数据源个数条件下的传输数据数量

Figure 3-6 The number of transmitted data at different number of data sources

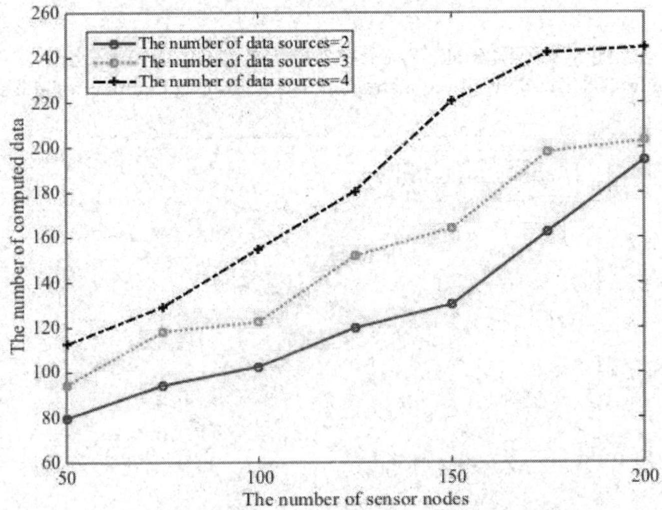

图 3-7 不同数据源个数条件下的计算数据数量

Figure 3-7 The number of computed data at different number of data sources

从以上三幅图中可以看出，数据重构性能随着不相关数据源个数的增加而退化，同时传输数据数量和计算数据数量也会相应地增加。产生上述现象的原因在于：不相关数据源个数的增加会导致无线传感器网络中感知数据的稀疏度增大，进而数据重构性能降低，并且需要传输和计算更多的数据。

图3-8、图3-9和图3-10分别展示了不同Sink节点个数条件下的重构数据信噪比、传输数据数量和计算数据数量。

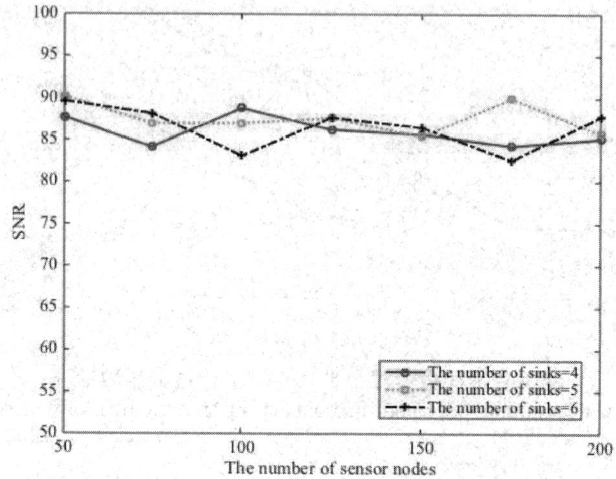

图 3-8 不同 Sink 节点个数条件下的重构数据信噪比
Figure 3-8 The SNR of reconstructed data at different number of sinks

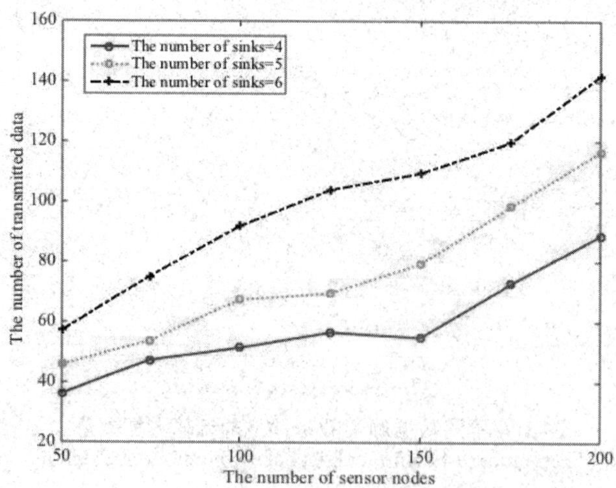

图 3-9 不同 Sink 节点个数条件下的传输数据数量
Figure 3-9 The number of transmitted data at different number of sinks

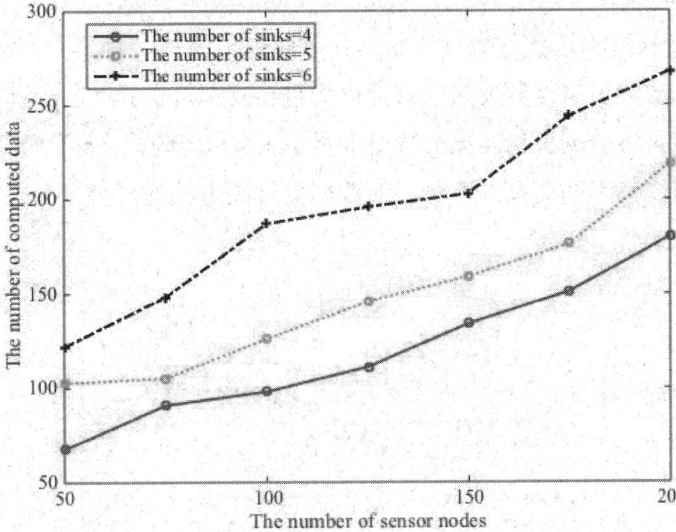

图 3-10 不同 Sink 节点个数条件下的计算数据数量
Figure 3-10 The number of computed data at different number of sinks

从以上三幅图中可以看出，不同Sink节点个数对数据重构性能没有显著影响。但是，传输数据数量和计算数据数量会随着Sink节点个数的增加而增加。显然，Sink节点个数的增加对数据重构问题的难度没有任何影响，但是会需要传输和计算更多的数据。

3.4.2 性能对比

本小节对比分析本章方案与迭代硬阈值算法[122]、基于改进阈值算法的迭代硬阈值方案[127]以及改进的基于三阶段均匀阈值算法的迭代硬阈值方案[128]的各项性能。为了便于描述，将以上三种方案分别缩写为IHT算法、基于改进TA的DIHT方案以及基于改进TPUT的DIHT方案。

图3-11展示了上述四种方案在数据采样率为50%、不相关数据源个数为3、Sink节点个数为5时的重构数据信噪比的对比分析情况。从该图中可以看出，上述四种方案的数据重建性能没有显著差异。因此，无论是集中式的数据重构方案，还是分布式的数据重构方案，都可以提供相似的数据重构精度。

图3-12和图3-13分别展示了在与图3-11相同的实验条件下，上述四个方案的数据传输数量和重构迭代次数。由于迭代硬阈值算法是一种集中式的数据重构算法，因此Sink成员节点需要将所有数据传输至管理Sink节点进行重构。然后，管理Sink节点再将数据重构结果分发给成员Sink节点。因此，迭代硬阈值算法虽然仅需一次Sink节点间交互，但传输的数据量远高于其他三种分布式方案。

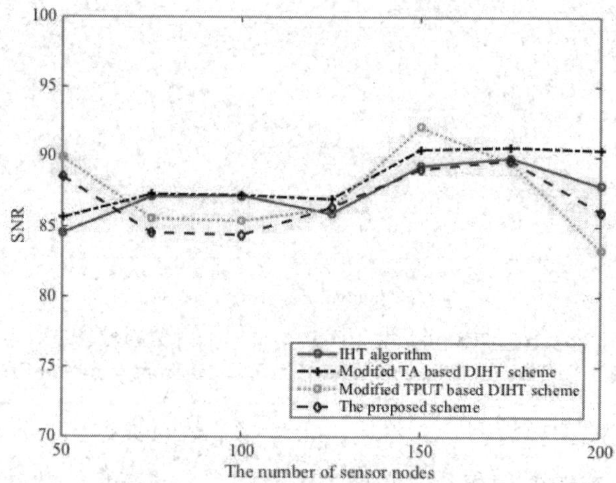

图 3-11 不同方案的重构数据信噪比

Figure 3-11 The SNR of reconstructed data of different schemes

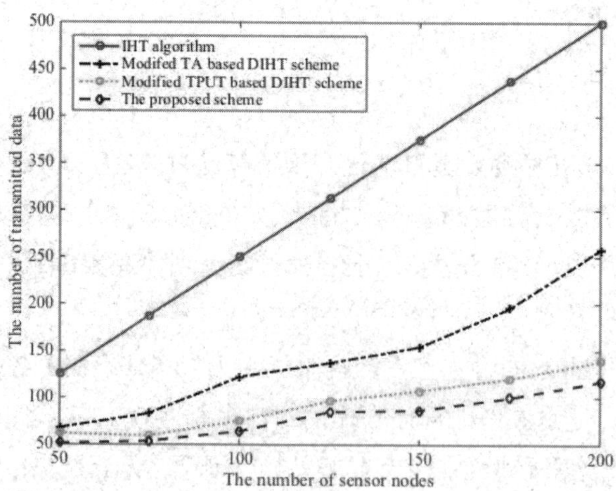

图 3-12 不同方案的传输数据数量

Figure 3-12 The number of transmitted data of different schemes

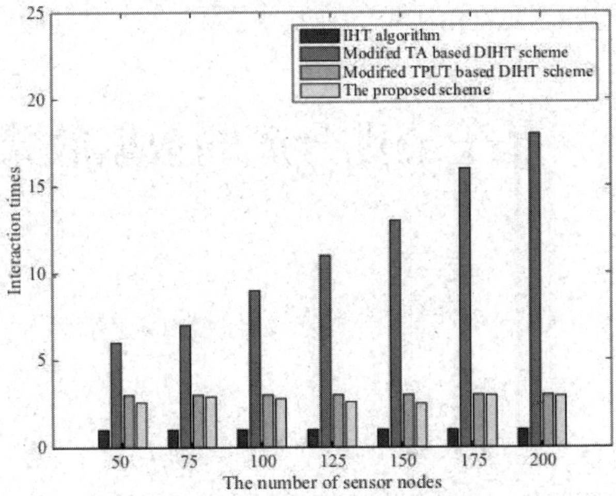

图 3-13　不同方案的迭代次数

Figure 3-13 The iteration times of different schemes

在基于改进阈值算法的迭代硬阈值方案中，Sink节点间交互次数远高于其他三种算法。原因在于在Top-|*K*|查询过程中，该方案每次交互时仅查询一个对象——值对。而且，该方案中没有设计有效的数据剪枝操作，因此数据传输量较高。

在上述四种方案中，本章提出的基于非平衡阈值的分布式数据收集方案需要最少的迭代次数。该方案通过采用非平衡的阈值设置，可以自适应地调整查询阈值，并避免Sink节点间冗余的数据传输。因此，本章所提方案具有最少的迭代次数，仅需额外计算少量的非平衡阈值。与无线传感器节点的通信能耗相比，该计算代价可以忽略不计。

3.5 本章小结

本章针对多Sink无线传感器网络中的数据收集问题，设计了一种基于非平衡阈值的分布式数据采集方案。Sink节点间通过分布式重构具有稀疏结构的感知数据，并利用分布式Top-|*K*|查询算法避免不必要的元素交换，从而减少数据传输代价和重构迭代次数，实现高效的全网监测数据重构。

第 4 章　基于最优分簇的数据收集方案

4.1 方案概述

在无线传感器网络中，由于传感器节点的计算、存储、通信等资源受限，使得降低网络能耗、延长网络工作寿命成为无线传感器网络数据收集方案的重点解决问题。在分簇无线传感器网络中，传感器节点被划分为不同的簇，簇内节点将监测数据传输至簇头节点，再由簇头节点汇总至Sink节点。本章针对分簇网络结构，介绍了一种基于最优分簇的数据收集方案[130]。该方案将数据收集过程分为两个阶段，首先基于伪希尔伯特曲线簇头连接算法构建一条数据传输链路，然后利用分簇构建算法构建一种最优的分簇结构，从而实现高效的感知数据收集操作。

4.2 系统模型

分簇无线传感器网络的系统模型如图4-1所示，一轮数据收集中的数据传输过程被分为簇内数据传输阶段和簇间数据传输阶段。

在簇内数据传输阶段中，簇内成员节点将感知数据直接发送至相应的簇头节点，在簇内数据传输过程中不对数据执行压缩操作。在簇间数据传输阶段中，每个簇头节点接收簇内成员发送来的感知数据并进行压缩操作，之后簇头将压缩结果与簇头链中前一个簇头的压缩数据相加，然后转发至簇头链中的下一个簇头节点。上述压缩过程持续进行，直到累积的压缩结果到达Sink节点为止。

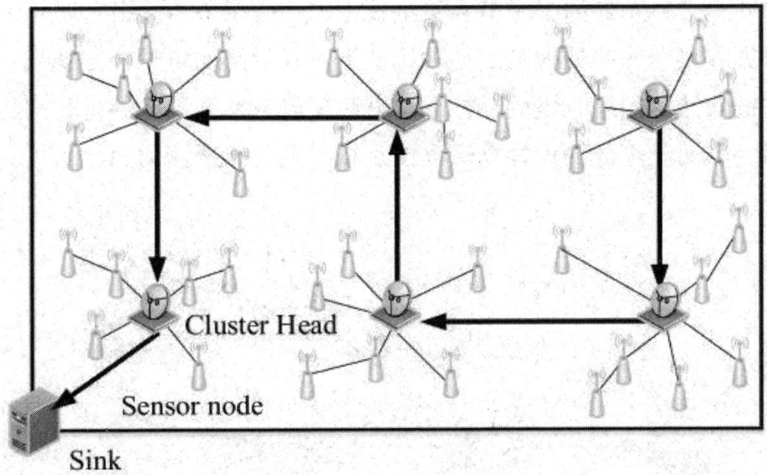

图 4-1 分簇无线传感器网络系统模型

Figure 4-1 The system model of clustered wireless sensor networks

图4-2描述了簇间数据收集阶段。假设每个簇头 CH_j 中的数据用矩阵 $\boldsymbol{\Phi}_{c_j}$ 来表示，此时簇成员对应的是测量矩阵 $\boldsymbol{\Phi}$ 的一列。在从其先前的簇头 CH_{j-1} 接收到感知数据投影之和 $\sum_{i=1}^{j-1}\boldsymbol{\Phi}_{c_i}\boldsymbol{x}_{c_i}$ 后，CH_j 再利用矩阵 $\boldsymbol{\Phi}_{c_j}$ 和接收到的簇内成员数据 $\boldsymbol{x}_{c_j}$ 计算新的数据投影之和 $\sum_{i=1}^{j}\boldsymbol{\Phi}_{c_i}\boldsymbol{x}_{c_i}$。上述数据压缩过程从第一个簇头 CH_1 开始，持续到最后一个簇头 CH_l 将整个数据投影和 $\sum_{i=1}^{l}\boldsymbol{\Phi}_{c_i}\boldsymbol{x}_{c_i}$ 发送到Sink节点为止，其中 l 是簇头传输链中簇头的数量。

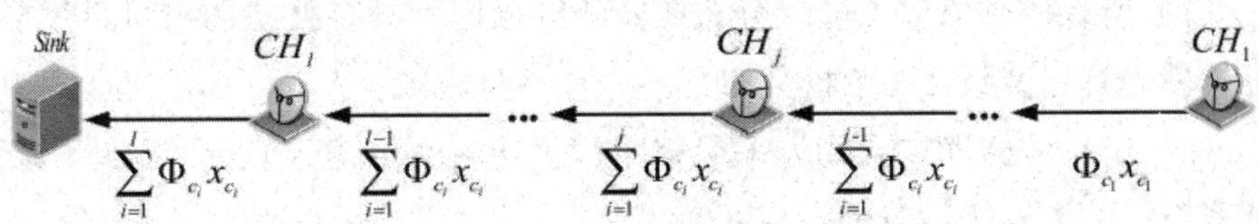

图 4-2 基于链式数据压缩收集结构

Figure 4-2 The chain-based data compression collection structure

在流量负载均衡和能量消耗方面，基于链式的数据收集结构优于基于树型的数据收集结构。基于树型的压缩数据收集结构如图4-3所示。显然，非叶子节点的接收消息数量与其子节点的数量成正比。因此，拥有更多子节点的非叶子节点的能量消耗明显高于子节点数量较少的非叶子节点。相应地，基于树型的压缩数据收集结构中的根节点通常比基于链式的结构更早耗尽能量。因此，可以通过链式结构压缩收集的感知数据来避免能量空洞问题并延长网络寿命。最后，服务器端运行数据重构算法以恢复整个无线传感网的原始数据。

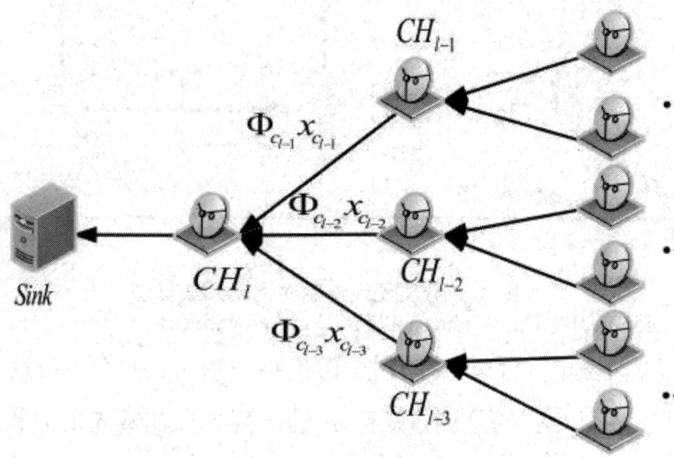

图 4-3 基于树型的压缩数据收集结构
Figure 4-3 The tree-based data compression collection structure

4.3 方案分析

本方案的假设如下：

（1）所有传感器节点随机分布在监测区域内，具有独立且相同的分布，可以建模为具有参数λ的泊松分布。

（2）所有传感器节点均为采用相同传输功率的传感器节点。因此，所有传感器节点的数据传输范围是相同的。

（3）每个传感器节点都掌握它的位置信息，可以使用如文献[131]中描述的传感器节点定位算法。

本方案的思路与文献[132]中的研究不同，簇大小是相同的，而不是从Sink

节点向网络外围逐渐增加。基于链式的压缩数据收集过程可以平衡所有簇头的能量消耗并避免能量空洞问题。而且，它也更易于实施和分析。

要评估一轮数据收集中的总能量消耗，可以使用文献[133, 134]中所描述的能量消耗模型，即：

$$E_t(b,d)=\begin{cases}b(E_{\text{elec}}+d^2E_{\text{amp}}), & \text{if } d\leqslant d_0\\ b(E_{\text{elec}}+d^4E_{\text{amp}}), & \text{if } d>d_0\end{cases} \tag{4-1}$$

$$E_r(b)=bE_{\text{elec}} \tag{4-2}$$

在式（4-1）中，$E_t(b,d)$ 表示将 b 位数据传送到 d 米的接收传感器的能量消耗，E_{elec} 和 E_{amp} 分别表示用于处理一位数据的传输电路和功率放大电路的能耗。根据距离 d 与阈值 d_0 之间的关系，可以将传播损耗建模为自由空间能量损耗模型或多路径衰落能量损耗模型。在式（4-2）中，$E_r(b)$ 表示从发送传感器接收 b 位数据的能量消耗。

图4-4显示了分簇结构模型，其中整个监控区域被划分成许多大小为 $a\times a$ 的小网格。从该图中可以看出，每个传感器节点的传输半径需要满足 $r\geqslant\sqrt{2}a$。因此，部署在同一网格中的传感器节点能够彼此通信。将 $D\times D$ 网格堆叠成一个方块以形成一个簇。为了减少簇内的总能量消耗，簇头应该部署于簇的中心位置。在压缩当前簇中的传感器数据之后，簇头沿着链将累积的压缩数据转发至Sink节点。

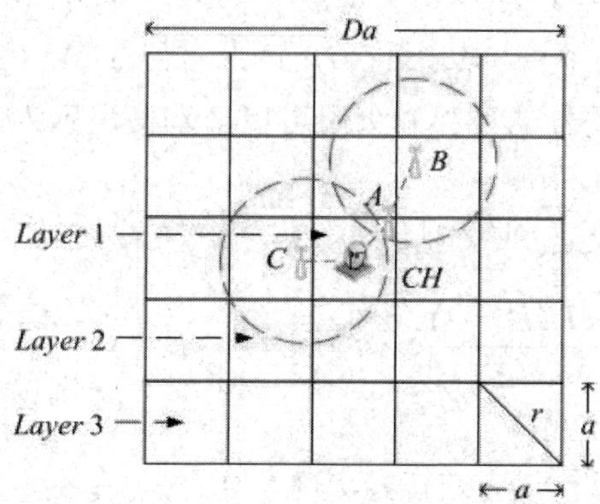

图 4-4　分簇结构模型

Fig. 4-4 The cluster structure model

假设在监控区域中部署有 n 个传感器节点，并且每个传感器节点的感测数据可以被编码成 p 位的数据包。通过对簇内能耗和簇间能耗分别进行评估，可以制定出最优分簇策略。

4.3.1 簇内能量消耗

传感器节点位于与簇头相同的网格中，只需要利用一跳消息转发就可以将采集到的数据发送到簇头。因此，在簇的中心网格（也就是第1层）中的一个节点的传输能耗是 $p(E_{\text{elec}}+\delta(r\leqslant r_d)r^2E_{\text{amp}}+\delta(r>r_d)r^4E_{\text{amp}})$，其中 $\delta()$ 是指示函数。为了分析方便，只考虑传输距离 d 小于或等于阈值 d_0 的情况。上述传输能量消耗可以简化为 $p(E_{\text{elec}}+r^2E_{\text{amp}})$。每个网格中都有 λa^2 个节点，其中，λ 是泊松分布的密度。因此，在一个簇的第一层节点的总传输能量消耗是：

$$E_{t-I}^{L1}=p\lambda a^2(E_{\text{elec}}+r^2E_{\text{amp}}) \tag{4-3}$$

同理可得，在一个簇的第一层中的节点的总接收能量消耗是：

$$E_{r-I}^{L1}=p\lambda a^2E_{elec} \tag{4-4}$$

接下来，考虑在一个簇的第 h（$h\geqslant2$）层中的节点。每一个簇中有 $(D+1)/2$ 层，第 h 层中有 $8(h-1)$ 网格。同时，将第 h 层中收集的传感器数据发送到簇头所需的跳数在 $[h-1,h]$ 区间内。例如，在图4-4中第2层中的节点B需要经过两跳到簇头CH。然而，节点C到达CH只需要一跳，尽管它们位于同一层中，但是节点C比节点B更接近CH。因此，除了第一层之外，在一个簇中的节点的总传输能量消耗的下界和上限可以分别被表示为：

$$\begin{aligned}\underline{E}_{t-I}^{L2+}&=\sum_{h=2}^{\frac{D+1}{2}}8(h-1)^2p\lambda a^2(E_{\text{elec}}+r^2E_{\text{amp}})\\&=\frac{D(D^2-1)}{3}p\lambda a^2(E_{\text{elec}}+r^2E_{\text{amp}})\end{aligned} \tag{4-5}$$

$$\begin{aligned}\overline{E}_{t-I}^{L2+}&=\sum_{h=2}^{\frac{D+1}{2}}8(h-1)hp\lambda a^2(E_{\text{elec}}+r^2E_{\text{amp}})\\&=\frac{(D+3)(D^2-1)}{3}p\lambda a^2(E_{\text{elec}}+r^2E_{\text{amp}})\end{aligned} \tag{4-6}$$

同理可得，对于同一区域中的节点，总接收能量消耗的下限和上限可以分别被表示为：

$$\begin{aligned}\underline{E}_{r-I}^{L2+}&=\sum_{h=2}^{\frac{D+1}{2}}8(h-1)^2p\lambda a^2E_{\text{elec}}\\&=\frac{D(D^2-1)}{3}p\lambda a^2E_{\text{elec}}\end{aligned}\tag{4-7}$$

和

$$\begin{aligned}\overline{E}_{r-I}^{L2+}&=\sum_{h=2}^{\frac{D+1}{2}}8(h-1)hp\lambda a^2E_{\text{elec}}\\&=\frac{(D+3)(D^2-1)}{3}p\lambda a^2E_{\text{elec}}\end{aligned}\tag{4-8}$$

为保证前后一致，在下述计算中使用下界 $\underline{E}_{t-I}^{L2+}$ 和 $\underline{E}_{r-I}^{L2+}$。

因为每个簇中都有 λD^2a^2 个传感器节点，所以监控区域中的分簇的数量为 $n/\lambda D^2a^2$，因此，簇内的总能耗是：

$$\begin{aligned}E_I&=(E_{t-I}^{L1}+E_{r-I}^{L1}+\underline{E}_{t-I}^{L2+}+\underline{E}_{r-I}^{L2+})\frac{n}{\lambda D^2a^2}\\&=\left(\frac{D}{3}-\frac{1}{3D}+\frac{1}{D^2}\right)pn(2E_{\text{elec}}+r^2E_{\text{amp}})\\&\approx\left(\frac{D}{3}-\frac{1}{3D}\right)pn(2E_{\text{elec}}+r^2E_{\text{amp}})\end{aligned}\tag{4-9}$$

4.3.2 簇间能量消耗

如图4-2所示，在基于链式的压缩数据收集过程中，每个簇头将采集到的数据利用测量矩阵 $\boldsymbol{\Phi}$ 压缩成长度为 p 位的数据包。然后，它沿着簇头链将累积压缩的数据发送到Sink节点。在两个相邻簇头之间有D跳，并且在Sink节点和最后转发簇头之间有 $\sqrt{2}D/2$ 跳。因此，簇间数据传输的总能量消耗可以表示为：

$$E_{t-II}=\left(\frac{n}{\lambda D^2a^2}-1\right)Dmp(E_{\text{elec}}+r^2E_{\text{amp}})+\frac{\sqrt{2}D}{2}mp(E_{\text{elec}}+r^2E_{\text{amp}})\tag{4-10}$$

以此类推，簇间数据接收的总能量消耗可以表示为：

$$E_{r-II}=\left(\frac{n}{\lambda D^2a^2}-1\right)DmpE_{\text{elec}}+\frac{\sqrt{2}D}{2}mpE_{\text{elec}} \tag{4-11}$$

因此，簇间的总能耗是：

$$\begin{aligned}E_{II}&=E_{t-II}+E_{r-II}\\&=\left(\frac{n}{\lambda D^2a^2}-1\right)Dmp(2E_{\text{elec}}+r^2E_{\text{amp}})+\frac{\sqrt{2}D}{2}mp(2E_{\text{elec}}+r^2E_{\text{amp}})\end{aligned} \tag{4-12}$$

4.3.3 最优分簇策略

通过将式（4-9）簇内能量消耗和式（4-12）簇间能量消耗相加，可以计算出在一轮数据收集中总能耗如下：

$$\begin{aligned}E&=E_I+E_{II}\\&=\left(\frac{Dn}{3}-\frac{n}{3D}+\frac{nm}{\lambda Da^2}-Dm\right)p(2E_{\text{elec}}+r^2E_{\text{amp}})+\frac{\sqrt{2}D}{2}mp(2E_{\text{elec}}+r^2E_{\text{amp}})\\&=\left(\left(\frac{n}{3}-\frac{(2-\sqrt{2})m}{2}\right)D+\left(\frac{nm}{\lambda a^2}-\frac{n}{3}\right)\frac{1}{D}\right)p(2E_{\text{elec}}+r^2E_{\text{amp}})\\&=\left(c_1D+\frac{c_2}{D}\right)c_3(1+c_4r^2)\end{aligned} \tag{4-13}$$

其中：$c_1=n/3-(2-\sqrt{2})m/2$，$c_2=nm/\lambda a^2-n/3$，$c_3=2pE_{\text{elec}}$，$c_4=E_{\text{amp}}/2E_{\text{elec}}$。

为了保持所有传感器节点彼此连接，应该保证至少一个额外的传感器节点位于每个传感器节点的覆盖区域中。因此，传输半径应满足$r\geqslant\sqrt{2/\lambda\pi}$。此外，当所有传感器节点在同一个簇中时，可以得到$D$的最大值，即$D\leqslant\sqrt{2n/\lambda r^2}$。因此，可以将最优分簇问题转化为以下优化问题：

$$\begin{aligned}&\min_{D,r}\left(c_1D+\frac{c_2}{D}\right)c_3(1+c_4r^2)\\&\text{s.t. } 0<D\leqslant\sqrt{\frac{2n}{\lambda r^2}}\\&\qquad r\geqslant\sqrt{\frac{2}{\lambda\pi}}\end{aligned} \tag{4-14}$$

根据压缩感知理论，原始数据的维数大小远大于测量数据的维数大小，即

$n \gg m$，因此，$c_1 > 0$。同时，在小网格中，压缩后的传感器数据的数量远大于未压缩的传感器数据的数量，因此，$c_2 > 0$，显然 $c_3 > 0$ 并且 $c_4 > 0$。令 $f(D,r) = (c_1 D + c_2 / D)c_3(1 + c_4 r^2)$，由于 $\mathrm{dom}(f)$ 是凸集，并且 $\nabla^2 f(D,r) \succeq 0$，所以式（4-14）中的最优化问题是凸优化问题。同时，很容易看出式（4-14）中的问题是可分离的，因此可以通过将其分解成以下两个独立的优化子问题来解决，即：

$$\begin{aligned} & \min_D \left(c_1 D + \frac{c_2}{D} \right) \\ & \text{s.t. } 0 < D \leqslant \sqrt{\frac{2n}{\lambda r^2}} \end{aligned} \tag{4-15}$$

和

$$\begin{aligned} & \min_r (1 + c_4 r^2) \\ & \text{s.t. } r \geqslant \sqrt{\frac{2}{\lambda \pi}} \end{aligned} \tag{4-16}$$

通过计算目标函数的驻点，并与约束准则进行比较，可以得到式（4-15）的最优解。因此，最优的分簇大小可以确定为：

$$D^* = \begin{cases} \sqrt{\dfrac{c_2}{c_1}}, & \left(6 - \dfrac{3\sqrt{2}}{2}\right) m - n < \lambda a^2 \\ \sqrt{\dfrac{2n}{\lambda r^2}}, & \text{其他} \end{cases} \tag{4-17}$$

由于式（4-16）的目标函数是单调递增的，所以容易求得传感器节点的最佳传输半径为 $r^* = \sqrt{2 / \lambda \pi}$。

4.4 分簇数据收集算法

在无线传感器网络中，Sink节点管理监控区域部署所有的传感器节点。假定监控区域是长度L和宽度W的矩形。在根据式（4-17）确定最优分簇大小 D^*之后，Sink节点生成$l = 2LW / (D^* r^*)^2$个虚拟簇头，并将它们分别设置为每个簇的中心。然而，这些虚拟簇头仅是用于构建簇头链的虚拟代理，而不是真实的传感器节点。

首先，Sink节点基于伪希尔伯特曲线运行簇头连接算法来构建簇头链。然后，执行分簇构建算法，选举出合适的簇头，构建簇内的数据收集结构。最后，所有传感器节点根据图4-1中的分簇传感器网络系统模型，将传感器数据发送到Sink节点。上述两种算法只需要执行一次，因此，与定期数据收集相比，构建底层数据收集结构的能量消耗可忽略不计。

4.4.1 基于伪希尔伯特曲线的簇头连接算法

通过在所有簇头中设计基于链的数据收集结构，可以很好地平衡所有簇头的能量消耗。本质上，簇头链是簇头连接图中的哈密顿路径，它可遍历所有簇头并且确保每个簇头仅被访问一次。希尔伯特曲线是最常用的空间填充曲线，它具有很强的局部保持性，可作为任意 $2^q \times 2^q$ （其中 $q \in \mathbf{N}$ ）区域的汉密尔顿路径。然而，无线传感器网络的监控区域通常是任意大小的矩形，而不是 $2^q \times 2^q$ 的方形大小。因此，需要生成任意维的伪希尔伯特曲线应用于普遍的无线传感器网络。

希尔伯特曲线可以分解为一组原始曲线。为了正确连接所有原始曲线的端点，定义了四组具有不同方向的原始希尔伯特曲线，如图4-5所示。

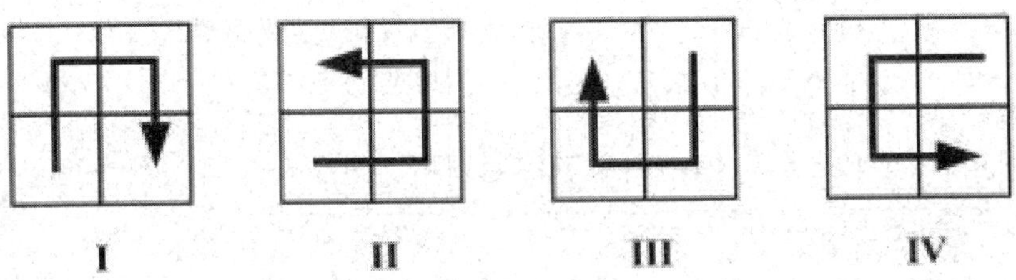

图 4-5 四组原始希尔伯特曲线
Figure 4-5 The four primitive Hilbert curves

同时，表4-1中还定义了不同方向的方向转换规则。在把上一级的希尔伯特曲线按左下、右下、左上和右上的顺序划分为四个部分P_1、P_2、P_3和P_4之后，每个部分O_1、O_2、O_3、O_4的取向可以通过根据曲线的上一级转换方向在表格中查找来确定。

表 4-1 方向转换规则
Table 4-1 The orientation transformation rule

上一级曲线取向	O_1	O_2	O_3	O_4
I	II	IV	I	I
II	I	II	III	II
III	III	III	II	IV
IV	IV	I	IV	III

图4-6中表示出了简单的 4×4 希尔伯特曲线，以演示上述取向转换规则，其中上一级的希尔伯特曲线方向以粗箭头绘制。由于上一级的希尔伯特曲线方向是I，希尔伯特曲线的左下、右下、左上和右上部分分别被设置为原始希尔伯特曲线II、IV、I和I。在根据希尔伯特曲线I的方向连接这四个部分的端点之后，可以建立 4×4 希尔伯特曲线。

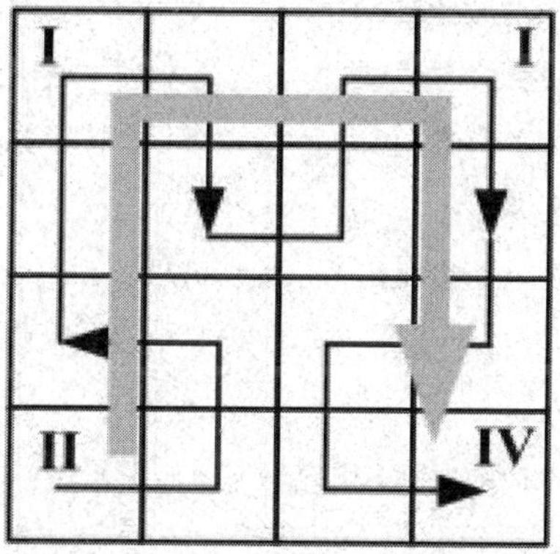

图 4-6 一组 4×4 的希尔伯特曲线
Figure 4-6 A 4×4 Hilbert curve

接下来，采用原始的希尔伯特区域和Wu等人在文献[135]中设计的原始希尔伯特曲线来构建簇头链。除了原始的希尔伯特曲线I至IV之外，本方案还使用了另外的8个原始伪希尔伯特曲线，分别如图4-7所示。

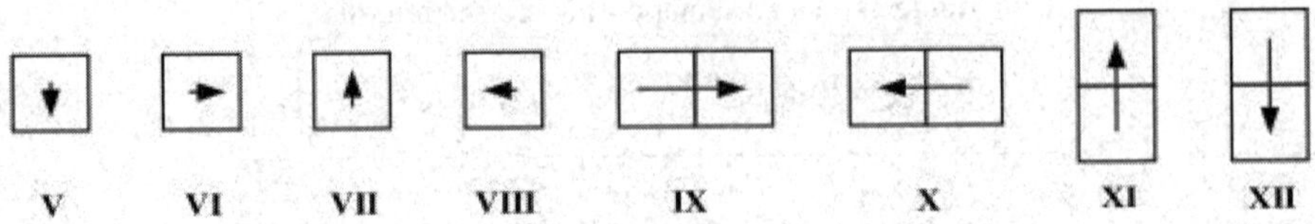

图4-7 8个原始伪希尔伯特曲线
Figure 4-7 The extra eight primitive pseudo Hilbert curves

由于所有原始希尔伯特曲线的水平和垂直长度最多为两个单位，首先将整个监控区域划分为多个原始希尔伯特区域，每个区域的长度小于三个单位。然后，根据其划分区域大小、方向和方向转换规则用基本伪希尔伯特曲线填充每个子区域。为了构建整个空间填充曲线，按顺序连接所有原始伪希尔伯特曲线。最后，遍历所得的伪希尔伯特曲线以记录所有簇头的索引，使得压缩数据在簇间数据传输阶段中沿着簇头链转发，直至用户服务器端为止。

基于伪希尔伯特曲线的簇头连接算法的伪代码如算法4-1所示。

算法 4-1：基于伪希尔伯特曲线的簇头连接算法
Algorithm 4-1: The cluster heads-linking algorithm based on the pseudo Hilbert curve

---

输入：长度L，宽度W，簇头的数量L。

输出：虚拟簇头的位置和索引。

将监控区域划分为一组平方子区域。

While 原始区域每一边的长度$\geqslant 3$

　　将每个平方子区域划分为一组原始希尔伯特区域。

End

For all $i \in \{$原始区域$\}$

　　用原始（伪）希尔伯特曲线I到XII填充i。

End

For all $j \in \{$原始（伪）希尔伯特曲线$\}$

　　将j的起点与其前一个的终点连接起来。

End

遍历伪希尔伯特曲线并记录所有簇头的索引。

图4-8展示了利用算法4-1在一个 5×7 的监控区域中生成的簇头链。每个簇中的数字是链索引，索引数字是在伪希尔伯特曲线遍历过程中逐步分配的。通过以簇索引的相反顺序沿簇头链发送压缩的传感器数据，可逐步地收集整个传感器网络的压缩数据。

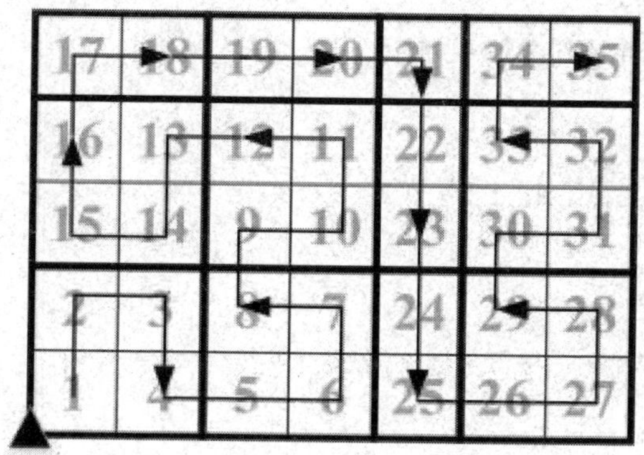

图 4-8　5×7 监控区域内的簇头链
Figure 4-8 A CH chain in a 5×7 surveillance area

4.4.2 分簇构建算法

在生成簇头链之后，Sink节点将所有虚拟簇头的位置和索引广播到网络中。由于在虚拟簇头的确切位置中通常没有部署传感器节点，因此应该选择最接近虚拟簇头的相同数量的传感器节点作为代表其簇的簇头。在4.3节中，限定了每个传感器节点的最佳传输半径 r^* 应满足 $r^*\geqslant\sqrt{2/\lambda\pi}$。因此，可以保证在以虚拟簇头为中心、半径为 r^* 的范围内至少有一个传感器节点。

在分簇构建算法中，来自任何虚拟簇头的 r^* 范围内的传感器节点都有可能成为簇头。这些候选传感器节点将其标识符和位置封装到簇头选择消息中，然后将消息广播到两跳范围内的所有传感器节点。超时后，离虚拟簇头最近的传感器节点将被选为簇头节点。然后，这些新选择的簇头将簇邀请消息广播到 $(D^*+1)/2$ 跳范围内的所有传感器节点，以构建簇内数据收集结构。在记录或更新到簇头的最短路径之后，每个传感器节点加入簇并指向簇内数据收集路径中的父节点。

分簇构建算法伪代码如算法4-2所示。

算法 4-2：分布式簇构建算法
Algorithm 4-2: Distributed cluster-constructing algorithm

输入：虚拟簇头的位置和索引$\{((x,y),i\}$，传感器节点的位置 $\{(\hat{x},\hat{y})\}$，D^*，r^*。

输出：簇头和簇间路由。

Sink节点向所有传感器节点广播$\{((x,y),i\}$。

For all $j\in\{$传感器节点$\}$

  For all $i\in\{$虚拟簇头$\}$ **do**

    $dist_{ij}=\sqrt{(x_i-\hat{x}_i)^2+(y_i-\hat{y}_i)^2}$

    If $dist_{ij}\leqslant r^*$ **Then**

      传感器节点j在2跳内广播簇头选举消息。

    End

    If $dist_{ij}==\min(dist(i,all\ sensor\ nodes))$ **Then**

      $CH_i=j$

      传感器节点 j 在$(D^*+1)/2$跳内广播分簇邀请消息。

    End

  End

  If从传感器节点 k 接收分簇邀请消息**Then**

    If $hop(CH,k)+1<hop(CH,j)$ **Then**

      $parent_j=k$

      $hop(CH,j)=hop(CH,k)+1$

    End

  End

End

当网络结构发生变化或新的传感器节点已添加到网络时，可以按照算法4-2中提供的相同规则重新选择一组新的簇头。每个传感器节点的剩余能量也可以被认为是在算法4-2中平衡簇间能量消耗的附加因素。此外，由于虚拟簇头的位置和索引是固定的，因此在更新簇头时不需要重新生成簇头链。

4.5 实验分析

在本节中，将本章描述的基于最优分簇的数据收集方案与其他四种代表性的数据收集算法[136,137]进行对比分析。在利用压缩感知的分簇（Cluster with CS）算法中，基于数据传输的数量将整个传感器网络划分为多个簇。然后，沿着簇头中的骨干树收集压缩的传感器数据。在未利用压缩感知的分簇（Cluster without CS）算法中，使用相同的簇结构，但不压缩传感器数据。在最短路径树（Shortest Path Tree，SPT）算法中，构建最短路径树以收集网络中的传感器数据。在利用压缩感知的最短路径树（SPT with CS）算法中，将传感器数据进行压缩，然后沿最短路径树将其发送回接收器。本章实验部分采用总能耗、网络寿命和能耗分布作为比较方案性能的三个指标，其中的网络寿命定义为第一个传感器节点耗尽能量之前的最大数据传输周期数。

实验中在矩形监控区域内统一且独立地部署了多个无线传感器节点。本实验中在监控区域的左下角设置了一个Sink节点，以收集网络中的全部感知数据。传感器节点的数量n在200～1000内变化，监控区域S的面积在200～600平方米内变化，数据压缩比$\rho=n/m$在5～20内变化。假设每个传感器节点都配备了一个1.5V、1000mAh的非充电电池。因此，每个传感器节点的理论初始能量为5400 J，用于处理一位数据的传输电路E_{elec}和功率放大电路E_{amp}的能量消耗分别为50nJ/位和10pJ/位/m^2。此外，实验中还采用了TinyOS中的TOS_MSG结构来封装在网络中传输的传感器数据。因此，除了传感器数据之外，还应额外传输七个字节的报文数据。

4.5.1 性能分析

基于最优分簇的数据收集方案在不同的节点数n和数据压缩比ρ的条件下，执行一轮数据收集的能量消耗如图4-9所示。可以看出，总消耗能量随着节点数n的增加而增加，并随着压缩比ρ的增加而减小。因为较少的传感器节点和较高的数据压缩比将减少网络中传输的感知数据数量。此外，还可以看出，增加压缩比ρ对总能量消耗的影响逐渐降低。根据压缩感知理论，较高的数据压缩比也会降低数据重构精度。通过比较图4-9（a）和图4-9（b），可以发现在相同数量节点和压缩比下，监控区域面积越大消耗的能量越多。

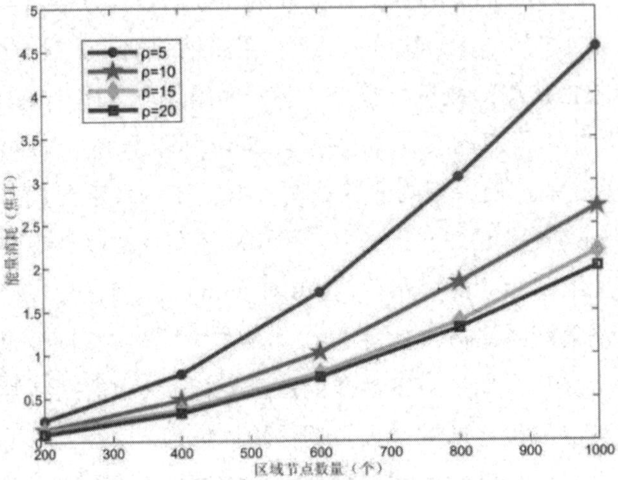

（a）监控区域 S=200

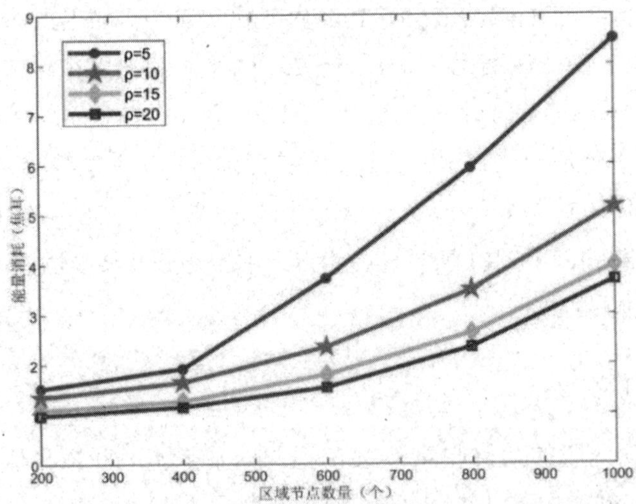

（b）监控区域 S=600

图 4-9 本书方案在不同的 n 和ρ情况下的能量消耗

Figure 4-9 The energy consumption of the proposed scheme with different n and ρ

在图4-10中，展示了分簇数据收集算法在不同的监控区域大小 S 和压缩比 ρ 的条件下，一轮数据收集过程中的能量消耗。显然，监控区域的增加将会导致任何一对传感器节点之间的距离增加，进而每个传感器节点的发送能量消耗 E_t 也将相应地增加。

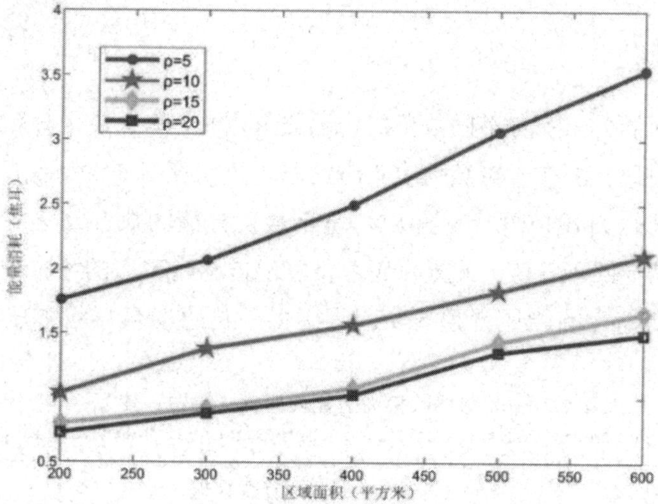

（a）节点数量 n=600

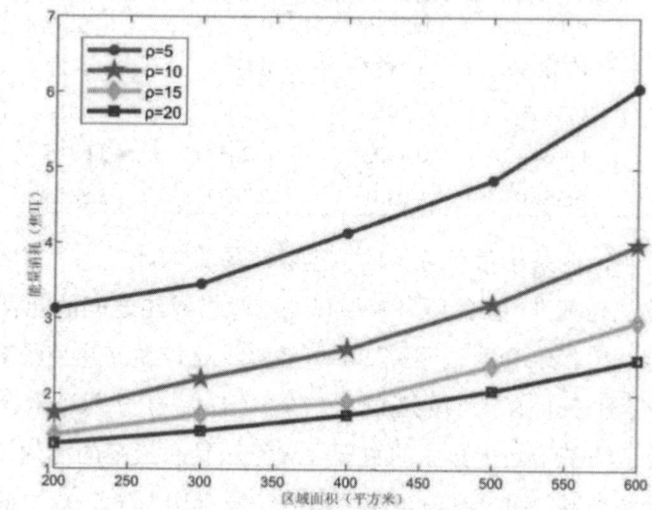

（b）节点数量 n=800

图 4-10　本书方案在不同的 S 和 ρ 情况下的能量消耗

Figure 4-10 The energy consumption of the proposed scheme with different S and ρ

此外，总能量消耗随着数据压缩比ρ的增加而减小，并且增加效果逐渐弱化，这点与图4-9中得出的结论一致。通过比较图4-10（a）和图4-10（b）还可以发现，当传感器节点数量n逐渐增加时，整个无线传感器网络的能量消耗也会逐渐增加，这点也与图4-9中得出的结论一致。

4.5.2 性能对比

本小节评估了在具有不同数量的传感器节点时，基于最优分簇的数据收集方案与其他四种算法在一轮数据收集时的总能量消耗对比。上述五种数据收集算法的能量消耗如表4-2所示。显然，基于最优分簇的数据收集方案在能量消耗方面优于其他四种算法。此外，还可以发现传感器节点的数量越多，所有数据收集算法所消耗的能量就越多，因为更多的传感器数据将被压缩并传输至Sink节点。

表 4-2 一轮数据收集时的能耗对比（单位：焦耳）

Table 4-2 The energy consumption of five schemes in one round of data collection (J)

收集算法	节点数量				
	200	**400**	**600**	**800**	**1000**
本章算法	0.1012	0.3536	0.7777	1.43234	2.0637
Cluster with CS	0.1065	0.3557	0.8078	1.4724	2.1138
Cluster w/o CS	0.3663	1.2067	2.5087	4.4584	6.5277
SPT with CS	0.1441	0.4922	1.2334	2.0445	3.4418
SPT	0.3571	1.0301	2.3671	3.8858	5.6929

为了进一步证明基于最优分簇的数据收集方案的能效，下面以未利用压缩感知的分簇算法为基准，评估所有其他算法与基准算法之间的能耗比。从表4-2中可以清楚地看出，未利用压缩感知的分簇算法是能量密集度最高的算法。

图4-11展示了五种算法的能效比较，其中压缩比ρ分别等于10和15。可以看出，本章提出的基于最优分簇的数据收集算法具有最高的能效，其次是利用压缩感知的分簇算法。通过将最短路径树算法与利用压缩感知的最短路径树算法和利用压缩感知的分簇算法与未利用压缩感知的分簇算法比较，可以发现压缩感知技术在无线传感器网络的数据收集操作中可节省较多的能量。因此，在

无线传感器网络的数据收集过程中，对传感器采集后的数据进行压缩传输，更有利于减少整个无线传感器网络在数据收集过程中的总体能量消耗。

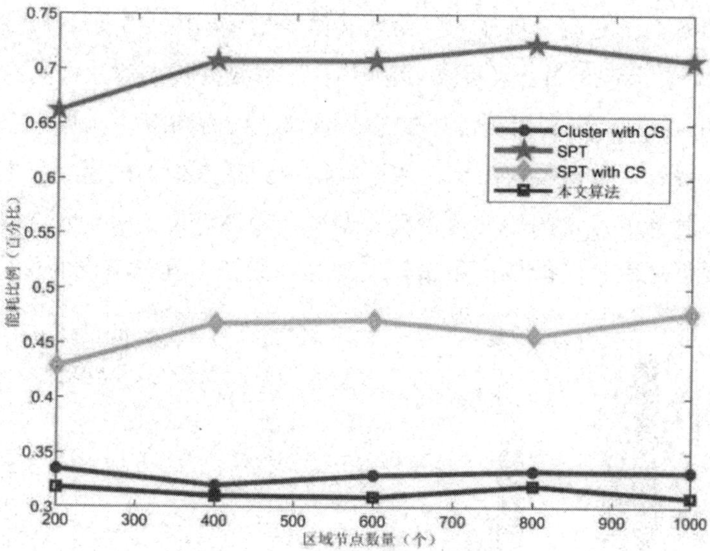

（a）ρ=10

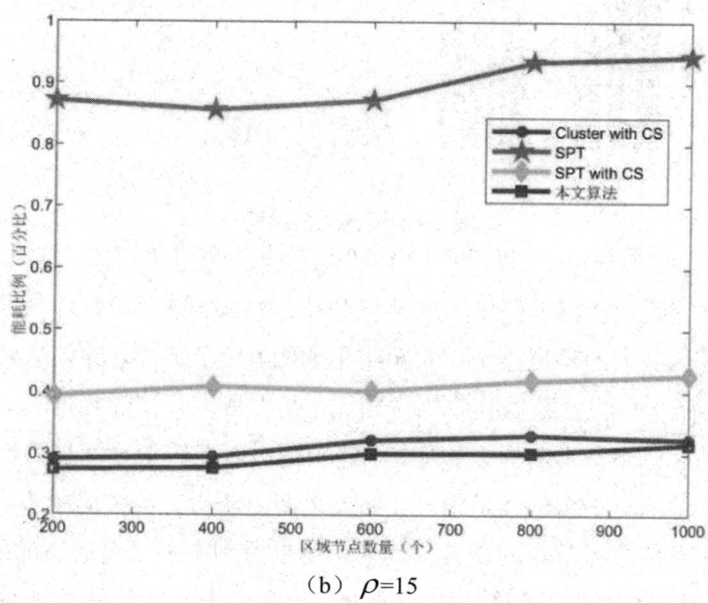

（b）ρ=15

图 4-11　五种算法的能效比较

Figure 4-11 The comparison of the energy efficiency for five schemes

然而，更高的能效并不直接等价于更长的网络工作寿命。因此，通过记录首个传感器节点能量耗尽之前所有五种数据收集算法的数据收集周期数，来反映实际的网络工作寿命。具体的网络实验结果如图4-12中所示。从结果中可以看到，基于最优分簇的数据收集方案在所有五个数据收集算法中具有最长的网络生命周期。此外，未利用压缩感知的分簇算法的网络寿命比最短路径树算法的网络寿命更长，尽管后者在一轮数据收集中消耗更少的能量。产生此现象的原因在于传感器节点之间的能量消耗不平衡。显然，位于Sink节点附近的传感器节点需要消耗额外的能量，用来转发数据收集树中其子节点的传感器数据。

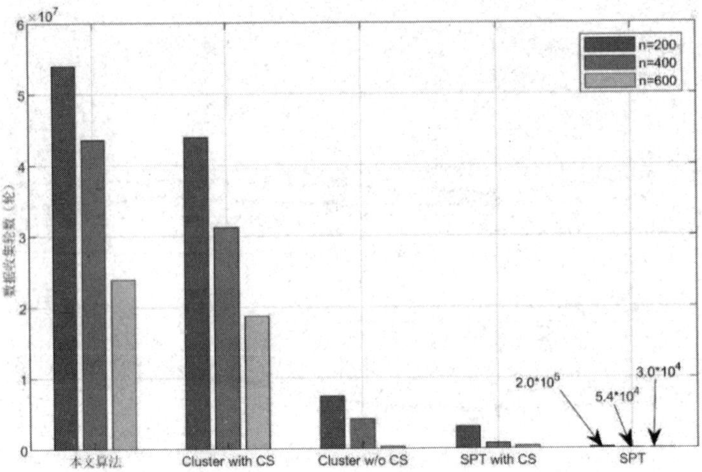

图 4-12 网络生命周期

Figure 4-12 The network lifetime

为了研究无线传感器网络中的能耗分布，在本节记录了五种数据收集算法中所有传感器节点的消耗能量，实验结果如图4-13所示。首先，从图中可以看到，与其他基于分簇的数据收集算法相比，基于最优分簇的数据收集方案中簇头的能量消耗分布是平衡的。原因在于簇头链可以在簇头之间提供比基于树形的数据收集结构更平衡的能量消耗。如果定期更新所有簇中的簇头，就可以进一步平衡所有传感器节点的能耗。其次，可以看到本书提出算法的能量消耗，以及利用压缩感知的分簇算法的能量消耗明显低于其他算法的能量消耗。因此，最优分簇分析可以为无线传感器网络提供更加节能的数据收集方法。最后，非分簇结构的数据收集算法的总能量消耗高于基于分簇结构的方案，这点也验证了基于分簇的数据收集结构的优势。

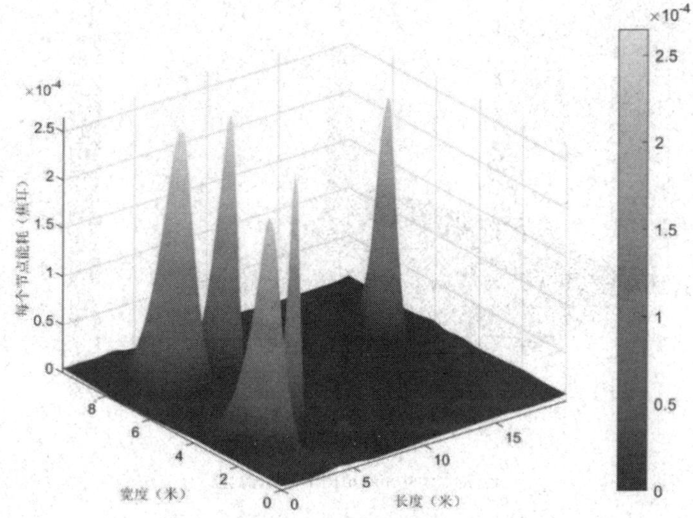

（a）基于最优分簇的数据收集方案

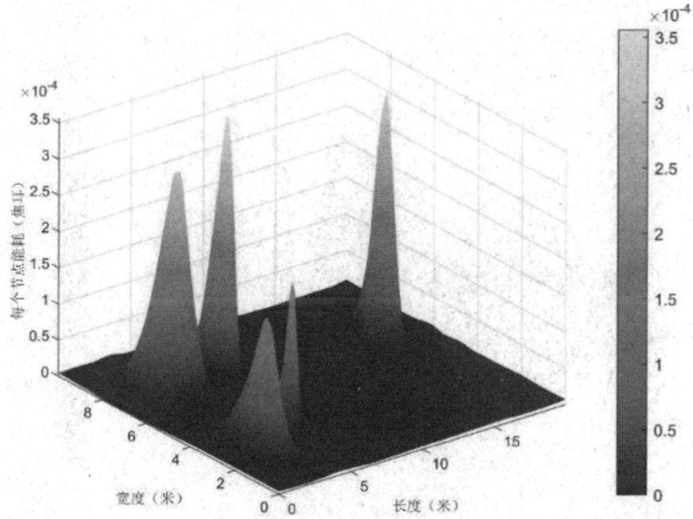

（b）Cluster with CS 算法

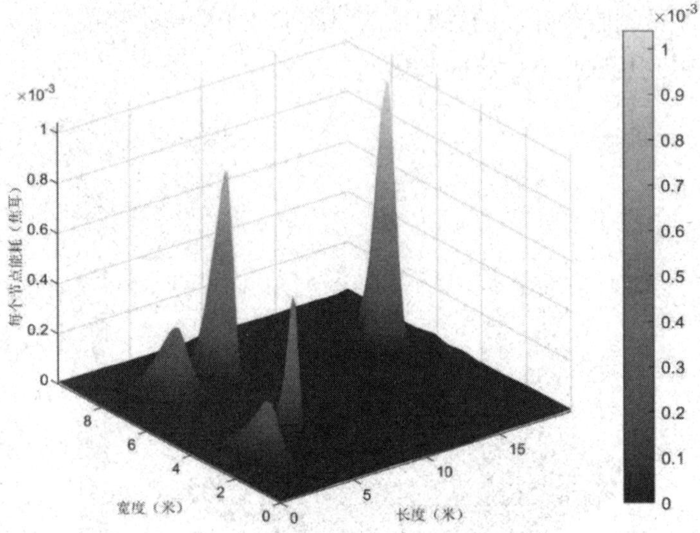

（c）Cluster without CS 算法

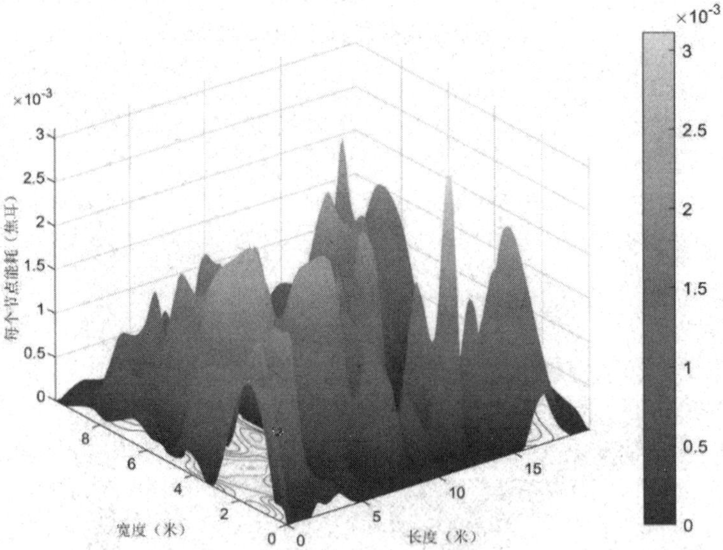

（d）SPT with CS 算法

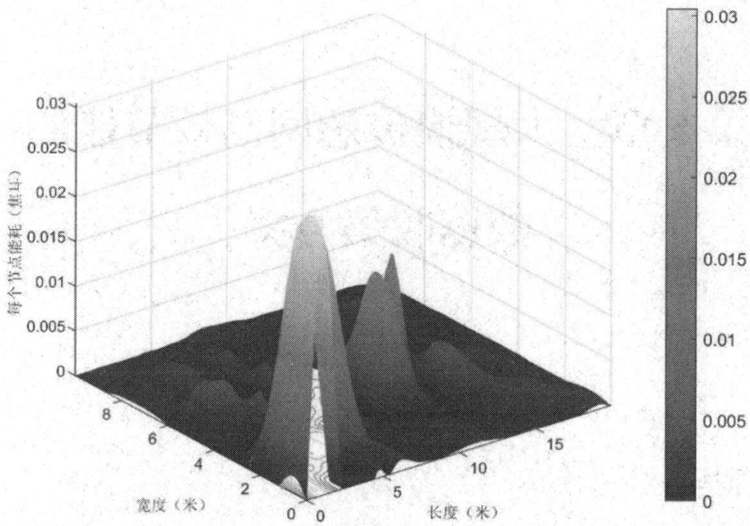

（e）SPT 算法

图 4-13 能量消耗的分布

Figure 4-13 The distribution of the energy consumption

4.6 本章小结

本章提出了一种基于最优分簇的数据收集方案，包括基于伪希尔伯特曲线的簇头连接算法和分簇构建算法两个部分。其中，基于伪希尔伯特曲线的簇头连接算法用于将整个传感网中选举出来的簇头连接成一条数据传输链，分簇构建算法是依据选举出来的簇头将整个传感网中的节点划分成不同的簇。簇内传感器节点将采集的数据传输至簇头，再由簇头依据簇头链传输至服务器端。实验结果表明，本章提出的基于最优分簇的数据收集方案在负载均衡、高效节能方面均优于现有的传感网数据收集算法。

第 5 章　大规模传感网高效节能的数据收集方案

5.1 方案概述

为了降低无线传感器节点的能量消耗，延长无线传感器网络的工作寿命，可利用压缩感知技术在传输感知数据之前对其进行压缩，然后在资源配置较为丰富的计算机端或服务器端进行数据重构。本章针对大规模无线传感器网络的数据收集问题，介绍了一种高效节能的数据收集方案[138]。首先，基于感知数据的空间相关性将整个无线传感器网络划分成多个数据相关的簇，然后构建了一棵支持混合数据收集模式的数据收集树进行数据收集，最后将压缩感知数据重构问题抽象为一个组稀疏重构模型，并利用交替方向乘子法（Alternating Direction Method of Multipliers，ADMM）进行求解。

5.2 相关工作

目前，无线传感器网络中的数据收集方案根据采用的核心技术不同，可以分为以下四类[139]：（1）基于信号处理的数据收集方案；（2）基于路由的数据收集方案；（3）基于信息论的数据收集方案；（4）基于压缩感知的数据收集方案。与其他三种数据收集方案相比，基于压缩感知的数据收集方案由于充分利用了采集信号的稀疏特征，并具有压缩性和计算非对称性[140]，近年来受到了学术界的广泛关注。

基于压缩感知的数据收集方案可以有效地降低无线传感器节点的能量消耗，目前已有多项具有代表性的研究成果。Luo等人在文献[141]中最早提出了一种基于压缩感知的传感网数据采集方案。该方案通过逐项压缩传输路径上的感知数据，从而实现高效节能的数据收集。随后，文献[142]指出简单地将压缩感知技术应用于无线传感器网络的数据收集问题，数据压缩效果并不理想。相应地，该文献提出了一种基于压缩感知的混合数据采集方案。

针对时序数据收集问题，Wang等人通过在压缩数据重构过程中引入自回归模型，提出了一种基于压缩感知理论和时间序列模型的自适应数据采集方案[143]。Zhao等人通过采用Treelet变化基替换经典的离散余弦变换基来稀疏化监测数据，从而设计了一种基于Treelet的分簇压缩数据收集方案[144]。此外，Quan等人通过将结构化随机矩阵集成到Kronecker压缩感知模型中以收集具有时空相关的监测数据，设计了一种基于邻域辅助的压缩感知数据收集方案[145]。

5.3 系统模型

在大规模无线传感器网络中，传感器节点需要监测多个具有不同物理特征和变化趋势的感知区域。本章所设计方案的系统模型如图5-1所示。

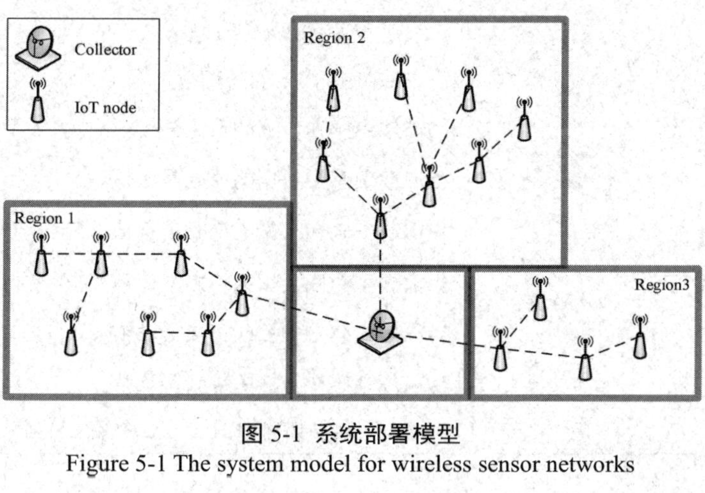

图 5-1 系统部署模型
Figure 5-1 The system model for wireless sensor networks

假设整个系统中共有n个无线传感器节点$v_1,\cdots,v_n$和一个Sink节点v_0，节点之间的所有通信链路构成了无向图E中的边。因此，当两个无线传感器节点v_i和v_j之间存在边时，它们便可进行直接通信。在无线传感器网络工作时，每个传感器节点v_i会定时采集感知数据x_i并将其发送至Sink节点。为了方便通信，假设每个无线传感器节点知道自己与Sink节点之间的距离或跳数。通过部署无线传感器节点的定位算法即可获取上述位置信息。

5.4 大规模数据收集方案

本章提出的大规模数据收集方案包括三个相关联的算法，即：基于空间相关性的分簇算法、基于分簇的数据压缩算法、分簇数据重构算法。方案中涉及到的符号定义如表5-1所示。

表 5-1 本方案中的符号定义
Table 5-1 Notations in the proposed scheme

符号	含义
x_i	节点v_i的感知数据
d_i	节点v_i和Sink节点间的距离或跳数
p_i	节点v_i在数据收集树中的父节点
t_i	节点v_i的等待时间
r_i	节点v_i产生的随机数
x_{max}	当前簇中感知数据的原始最大值
x_{min}	当前簇中感知数据的原始最小值
x_{avg}	当前簇中感知数据的原始平均值
$\widehat{x}_{max}$	当前簇中感知数据的更新最大值
$\widehat{x}_{min}$	当前簇中感知数据的更新最小值
$\widehat{x}_{avg}$	当前簇中感知数据的更新平均值
h_i	节点v_i在数据收集树中的子节点个数

（续表）

符号	含义
c_i^k	节点v_i在数据收集树中的第k个子节点
l_i	节点v_i传输数据的压缩状态
m	测量数据的维度
$s_{(j)}$	第j个簇中感知数据的变换稀疏向量
J	传感器网络中簇的个数
σ	预设的错误阈值
K	预设的最大迭代次数

5.4.1 基于空间相关性的分簇算法

在大规模无线传感器网络中，不同监测区域的感知数据往往具有不同的数据特征和变化趋势。因此，本方案在数据收集之前会先将整个无线传感器网络划分成多个数据相关的簇。基于空间相关性的分簇算法属于分布式算法，其伪代码如算法5-1所示。

算法 5-1：基于空间相关性的分簇算法

Algorithm 5-1: The clustering algorithm based on spatial correlation

$p_i \leftarrow \varnothing$;

While t_i未过时**do**

  If $p_i=\varnothing$ **Then**

    If 接收$\{j, x_{max}, x_{min}, x_{avg}, c\} \wedge E(i,j)=1$ **Then**

      $\hat{x}_{\max} \leftarrow \max(x_i, x_{\max})$。

      $\hat{x}_{\min} \leftarrow \min(x_i, x_{\min})$。

      $\hat{x}_{\text{avg}} \leftarrow (x_{avg} * c + x_i)/(c+1)$。

      If $\left|\hat{x}_{\max} - \hat{x}_{\text{avg}}\right| \leqslant B/2 \ \wedge \ \left|\hat{x}_{\min} - \hat{x}_{\text{avg}}\right| \leqslant B/2$ **Then**

        $p_i \leftarrow j$。

        广播$\{i,\ \hat{x}_{\max},\ \hat{x}_{\min},\ \hat{x}_{\text{avg}}, c+1\}$。

      End

    End

  End

End
If $p_i=\varnothing$ **Then**
　$p_i \leftarrow$Sink节点。
　广播$\{i, x_i, x_i, x_i, 1\}$。
End

在算法5-1中，利用采集数据的空间相关性进行分簇。其中，数据的空间相关性是通过计算感知数据的最大值与平均值之间的距离以及最小值与平均值之间的距离来度量的。每个无线传感器节点v_i首先将其父节点初始化为空。然后，随机等待$t_i=r_id_i$时间，其中r_i是介于0和1之间的随机值，d_i是v_i和Sink节点间的距离或跳数。因此，距离Sink节点越近的传感器节点等待的时间越短，成为簇首的概率也就越高。

当无线传感器节点v_i从其直接邻居节点v_j接收到簇加入消息后，v_i将重新计算当前簇内感知数据的最大值$\hat{x}_{\text{max}}$、最小值$\hat{x}_{\text{min}}$和平均值$\hat{x}_{\text{avg}}$。如果$\hat{x}_{\text{max}}$和$\hat{x}_{\text{avg}}$之间的距离以及$\hat{x}_{\text{min}}$和$\hat{x}_{\text{avg}}$之间的距离都小于$B/2$，则可以确保簇内任意两个节点间的感知数据x_p和x_q之间的距离均小于B。证明过程如下：

$$\begin{aligned}\left|x_p-x_q\right| &= \left|x_p-\hat{x}_{\text{avg}}+\hat{x}_{\text{avg}}-x_q\right| \\ &\leqslant \left|x_p-\hat{x}_{\text{avg}}\right|+\left|\hat{x}_{\text{avg}}-x_q\right| \\ &\leqslant 2\max\left(\left|\hat{x}_{\text{max}}-\hat{x}_{\text{avg}}\right|,\left|\hat{x}_{\text{min}}-\hat{x}_{\text{avg}}\right|\right) \\ &\leqslant B\end{aligned} \tag{5-1}$$

如果上述边界条件成立，则无线传感器节点v_i将会加入当前簇，构造新的簇加入消息并广播给v_i的直接邻居节点。如果一个传感器节点在t_i时刻后仍未加入任何簇，则它将构建一个新簇，并将自己作为簇头节点。然后，向其直接邻居节点广播簇加入消息，以启动新的簇构建过程。

值得注意的是，基于空间相关性的分簇算法只需执行一次。并且，每个执行该算法的无线传感器节点一旦加入某个簇，就会停止运行本算法。因此，与周期性的数据收集操作相比，基于空间相关性的分簇算法的计算和通信开销可忽略不计。

5.4.2 基于分簇的数据压缩算法

利用基于分簇的数据压缩算法可构建一棵支持混合数据收集模式的数据收集树，从而实现无线传感器节点的高效数据收集操作。在以前的数据采集方案中，每个传感器节点除了将自身的感知数据发送至其父节点，还需要转发传输路径中来自其子节点的所有感知数据。因此，将会产生“热点现象”，即越靠近Sink节点的传感器节点需要消耗越多的带宽和能耗，从而使得Sink节点周围的传感器节点更快地耗尽能量，导致整个网络寿命的降低。

为了解决上述“热点问题”，本方案设计了一种基于分簇的数据压缩算法以减少网络中的数据传输总量。基于分簇的数据压缩算法的伪代码如算法5-2所示。

算法 5-2：基于分簇的数据压缩算法
Algorithm 5-2: Clustering data compression algorithm

If 节点i是叶子节点 **Then**

　向p_i发送$(0, x_i)$。

Else

　从子节点接收$\{(l_{c_i^k}, x_{c_i^k}): k=1,\cdots,h_i\}$。

　If $h_i<m-1$ **Then**

　　向p_i发送$(0, x_i, x_{c_i^k}: k=1,\cdots,h_i)$。

　Else

　　向p_i发送$(1, x_i\Phi_i+\sum_{k=1}^{h_i}((1-l_{c_i^k})x_{c_i^k}\Phi_{c_i^k}+l_{c_i^k}x_{c_i^k}))$。

　End

End

在利用该算法进行数据传输时，如果传感器节点v_i在传输数据时进行了压缩，则将其压缩状态l_i设置为1，否则将l_i设置为0。基于分簇的数据压缩算法的实例如图5-2所示。

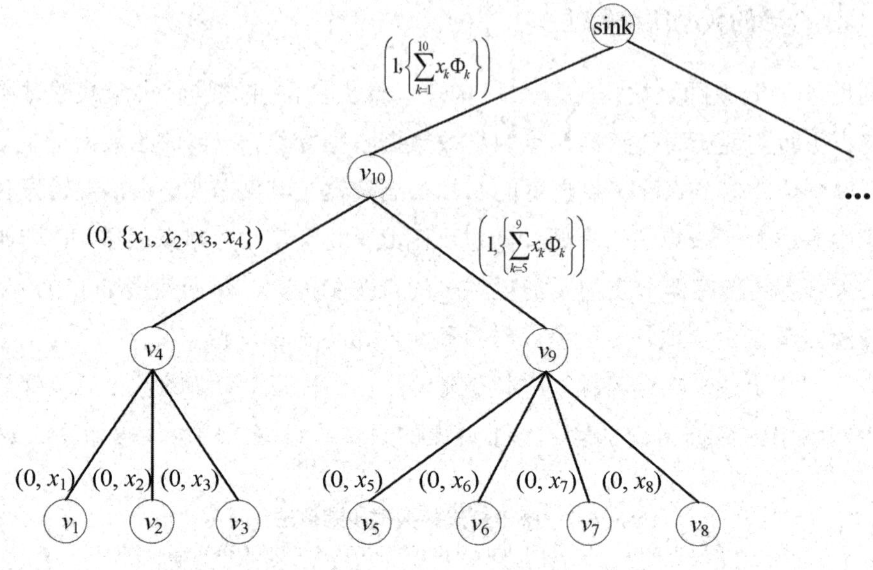

图 5-2 数据收集树实例

Figure 5-2 An instance of data collection tree

在基于分簇的数据压缩算法中，叶子节点的操作非常简单，仅需将其采集到的感知数据x_i连同压缩状态0发送至其在数据收集树中的父节点，即向父节点p_i发送$(0, x_i)$。

对于数据收集树中的非叶子节点，首先从其所对应的子节点中接收感知数据集合$\{(l_{c_i^k}, x_{c_i^k}): k=1,\cdots,h_i\}$。然后，根据其子节点的个数不同可分为以下两种情况：

（1）子节点个数小于$m-1$：节点将自身采集到的感知数据连同接收到的子节点发送来的感知数据集合一同发送至其在树中的父节点，同时将压缩状态设置为0，即向父节点p_i发送$(0, x_i, x_{c_i^k}: k=1,\cdots, h_i)$。

（2）子节点个数大于$m-1$：节点将自身采集到的感知数据连同接收到的子节点发送来的感知数据集合利用压缩感知技术压缩后再发送至其在树中的父节点，同时将压缩状态设置为1，即向父节点p_i发送$(1, x_i\Phi_i + \sum_{k=1}^{h_i}((1-l_{c_i^k})x_{c_i^k}\Phi_{c_i^k} + l_{c_i^k}x_{c_i^k}))$。

需要注意的是，在非叶子节点转发数据时，不需要对感知数据先解压缩后再重新进行压缩。如果一个非叶子节点接收到压缩后的感知数据，那么它只需要计算未压缩数据的投影，然后将计算结果与接收到的压缩数据相加。因此，在无线传感器节点转发数据时，仅需执行少量的乘法和加法运算。

5.4.3 分簇数据重构算法

Sink节点从无线传感器网络中的所有簇头节点 $\{CH_j : j=1,\cdots,J\}$ 接收到压缩数据集合 $\{\boldsymbol{\Phi}_{CH_j}\boldsymbol{X}_{CH_j} : j=1,\cdots,J\}$ 后，首先生成测量向量 $\boldsymbol{y}=\sum_{j=1}^{J}\boldsymbol{\Phi}_{CH_j}\boldsymbol{x}_{CH_j}$，然后运行分簇数据重构算法，从而还原整个无线传感器网络的感知数据集合。

由于第j个簇内的感知数据子集具有空间相关性，所以可在变换矩阵$\boldsymbol{\Psi}$下表示为稀疏向量$\boldsymbol{s}(j)$。因此，整个网络的数据重构问题可抽象为下述无约束优化问题：

$$\min_{\boldsymbol{s}}\frac{1}{2}\|\boldsymbol{y}-\boldsymbol{\Phi\Psi s}\|_2^2+\sum_{j=1}^{J}\lambda_j\|\boldsymbol{s}_{(j)}\|_1 \tag{5-2}$$

通过利用变量分离，可将式（5-2）改写为下述带约束优化问题：

$$\begin{aligned}&\min_{\boldsymbol{s},\boldsymbol{\alpha}}\frac{1}{2}\|\boldsymbol{y}-\boldsymbol{\Phi\Psi s}\|_2^2+\sum_{j=1}^{J}\lambda_j\|\boldsymbol{\alpha}_{(j)}\|_1\\&\text{s.t.}\ \boldsymbol{s}-\boldsymbol{\alpha}=\boldsymbol{0}\end{aligned} \tag{5-3}$$

利用增广拉格朗日方法，可进一步将式（5-3）转换为：

$$\begin{aligned}&\min_{\boldsymbol{s},\boldsymbol{\alpha}}\frac{1}{2}\|\boldsymbol{y}-\boldsymbol{\Phi\Psi s}\|_2^2+\sum_{j=1}^{J}\lambda_j\|\boldsymbol{\alpha}_{(j)}\|_1+\frac{\rho}{2}\|\boldsymbol{s}-\boldsymbol{\alpha}\|_2^2\\&\text{s.t.}\ \boldsymbol{s}-\boldsymbol{\alpha}=\boldsymbol{0}\end{aligned} \tag{5-4}$$

其中ρ是增广拉格朗日乘子。优化问题（5-4）的拉格朗日函数为：

$$L(\boldsymbol{s},\boldsymbol{\alpha},u)=\frac{1}{2}\|\boldsymbol{y}-\boldsymbol{\Phi\Psi s}\|_2^2+\sum_{j=1}^{J}\lambda_j\|\boldsymbol{\alpha}_{(j)}\|_1+\boldsymbol{u}^{\mathrm{T}}(\boldsymbol{s}-\boldsymbol{\alpha})+\frac{\rho}{2}\|\boldsymbol{s}-\boldsymbol{\alpha}\|_2^2 \tag{5-5}$$

其中u是增广拉格朗日乘子。

接下来，利用交替方向乘子法对式（5-5）进行求解。首先，将增广拉格朗日乘子u替换为其缩放形式$w=u/\rho$。此时，式（5-5）可转换为下述交替形式：

$$\boldsymbol{s}^{+}=\arg\min_{s}\frac{1}{2}\|\boldsymbol{y}-\boldsymbol{\Phi\Psi s}\|_2^2+\boldsymbol{u}^{\mathrm{T}}(\boldsymbol{s}-\boldsymbol{\alpha})+\frac{\rho}{2}\|\boldsymbol{s}-\boldsymbol{\alpha}\|_2^2 \tag{5-6}$$

$$\boldsymbol{\alpha}_{(j)}^{+}=\arg\min_{\alpha_{(j)}}\lambda_j\left\|\boldsymbol{\alpha}_{(j)}\right\|_1+\boldsymbol{u}_{(j)}^{\mathrm{T}}\left(\boldsymbol{s}_{(j)}^{+}-\boldsymbol{\alpha}_{(j)}\right)+\frac{\rho}{2}\left\|\boldsymbol{s}_{(j)}^{+}-\boldsymbol{\alpha}_{(j)}\right\|_2^2 \tag{5-7}$$

$$\boldsymbol{w}^{+}=\boldsymbol{w}+\boldsymbol{s}^{+}-\sum_{j=1}^{J}\boldsymbol{\alpha}_{(j)}^{+} \tag{5-8}$$

其中，$\boldsymbol{s}^{+}$、$\boldsymbol{\alpha}_{(j)}^{+}$、$\boldsymbol{w}^{+}$分别为$\boldsymbol{s}$、$\boldsymbol{\alpha}_{(j)}$、$\boldsymbol{w}$的更新版本。

式（5-6）可改写成如下形式：

$$\begin{aligned}\boldsymbol{s}^{+}&=\arg\min_{s}\frac{1}{2}\|\boldsymbol{y}-\boldsymbol{\Phi\Psi s}\|_2^2+\frac{\rho}{2}\|\boldsymbol{s}-\boldsymbol{\alpha}+\boldsymbol{w}\|_2^2\\&=\arg\min_{s}\frac{1}{2}\|\boldsymbol{y}-\boldsymbol{\Phi\Psi s}\|_2^2 n+\frac{1}{2}\left\|\sqrt{\rho}(\boldsymbol{\alpha}-\boldsymbol{w})-\sqrt{\rho}\boldsymbol{s}\right\|_2^2\end{aligned} \tag{5-9}$$

因此，式（5-9）是一个标准的最小二乘问题，其最优解为：

$$\boldsymbol{s}^{+}=\left((\boldsymbol{\Phi\Psi})^{\mathrm{T}}\boldsymbol{\Phi\Psi}+\rho\boldsymbol{I}\right)^{-1}\left((\boldsymbol{\Phi\Psi})^{\mathrm{T}}\boldsymbol{y}+\rho(\boldsymbol{\alpha}-\boldsymbol{w})\right) \tag{5-10}$$

式（5-7）可改写成如下形式：

$$\begin{aligned}\boldsymbol{\alpha}_{(j)}^{+}&=\arg\min_{\boldsymbol{\alpha}_{(j)}}\lambda_j\left\|\boldsymbol{\alpha}_{(j)}\right\|_1+\frac{\rho}{2}\left\|\boldsymbol{s}_{(j)}^{+}-\boldsymbol{\alpha}_{(j)}+\boldsymbol{w}_{(j)}\right\|_2^2\\&=\operatorname{argmin}_{\boldsymbol{\alpha}_{(j)}}\frac{1}{2}\left\|\left(\boldsymbol{s}_{(j)}^{+}+\boldsymbol{w}_{(j)}\right)-\boldsymbol{\alpha}_{(j)}\right\|_2^2+\frac{\lambda_j}{\rho}\left\|\boldsymbol{\alpha}_{(j)}\right\|_1\end{aligned} \tag{5-11}$$

可利用软阈值算法求解式（5-11），其最优解为：

$$\boldsymbol{\alpha}_{(j)}^{+}=\boldsymbol{S}_{\frac{\lambda_j}{\rho}}\left(\boldsymbol{s}_{(j)}^{+}+\boldsymbol{w}_{(j)}\right) \tag{5-12}$$

其中，$S(q,\tau)$为软阈值算子，其定义如下：

$$S(q,\tau)_i=\begin{cases}0, & |q_i|<\tau\\ \dfrac{q_i}{|q_i|}(|q_i|-\tau), & |q_i|>\tau\end{cases} \tag{5-13}$$

因此，通过迭代计算式（5-10）、式（5-12）和式（5-8），可获得优化问题（5-2）的最优解$\boldsymbol{s}$。随后，通过在最优解$\boldsymbol{s}$左端乘以变换矩阵$\boldsymbol{\Psi}$，即可重构出整个无线传感器网络的感知数据集合。

分簇数据重构算法的伪代码如算法5-3所示。当重构误差$\left\|\boldsymbol{x}^{+}-\boldsymbol{x}\right\|_2/\left\|\boldsymbol{x}\right\|_2$低于预设的错误阈值$\sigma$或算法的迭代次数$k$大于预设的最大迭代次数$K$时，算法结束运行。

算法 5-3：分簇数据重构算法
Algorithm 5-3: Clustering data reconstruction algorithm

$y \leftarrow \sum_{j=1}^{J} \boldsymbol{\Phi}_{CH_j} \boldsymbol{x}_{CH_j}$;

$k \leftarrow 0$;

Repeat

$\boldsymbol{s}^{+} = ((\boldsymbol{\Phi\Psi})^{\mathrm{T}} \boldsymbol{\Phi\Psi} + \rho \boldsymbol{I})^{-1} ((\boldsymbol{\Phi\Psi})^{\mathrm{T}} \boldsymbol{y} + \rho(\boldsymbol{\alpha} - \boldsymbol{w}))$;

For j=1 to J **do**

$\boldsymbol{\alpha}_{(j)}^{+} = \boldsymbol{S}_{\lambda_j/\rho}\left(\boldsymbol{s}_{(j)}^{+} + \boldsymbol{w}_{(j)}\right)$;

End

$\boldsymbol{w}^{+} = \boldsymbol{w} + \boldsymbol{s}^{+} - \sum_{j=1}^{J} \boldsymbol{\alpha}_{(j)}^{+}$;

$\boldsymbol{x}^{+} = \boldsymbol{\Psi} \boldsymbol{s}^{+}$;

$k \leftarrow k+1$;

Until $\left(\left\|\boldsymbol{x}^{+}-\boldsymbol{x}\right\|_2/\left\|\boldsymbol{x}\right\|_2 < \sigma \vee k > K\right)$

5.5 实验分析

5.5.1 实验设置

为了验证本方案的性能，本章使用了部署在罗马尼亚布拉索夫市的449个观测点于2014年8月1日至2014年10月1日收集到的大气污染监测数据集[146]。每个传感器节点每隔5分钟收集以下五类数据：臭氧、颗粒物、一氧化碳、二氧化硫、二氧化氮，本章实验选用臭氧数据进行实验验证。

为了评估能量消耗，本章采用以下能源模型[133]：

$$E_T(k,d) = \begin{cases} k(E_{Tx} + d^2 E_{\mathrm{Amp}}), & d < d_{Th} \\ k(E_{Tx} + d^4 E_{\mathrm{Amp}}), & d \geqslant d_{Th} \end{cases} \tag{5-14}$$

$$E_R(k) = kE_{Rx} \tag{5-15}$$

式（5-14）中，$E_T(k, d)$表示将k位数据传送到d米的接收传感器的能量消耗，E_{Tx}和E_{Amp}分别表示传输电路和功率放大电路处理一位数据时的能耗。根据距离d与阈值d_{Th}之间的关系，可以将传播损耗建模为自由空间能量损耗模型或多路径衰落能量损耗模型。式（5-15）中，$E_R(k)$表示从发送传感器接收k位数据的能量消耗，E_{Rx}表示用于接收电路处理一位数据时的能耗。实验中各参数的配置如表5-2所示。

表 5-2 本方案中的符号定义

Table 5-2 Notations in the proposed scheme

参数	值
初始能量	1000 J
E_{Tx}	100 nJ/bit
E_{Amp}	0.01 nJ/(bit·m^2)
E_{Rx}	120 nJ/bit
d_{Th}	75 m

在数据传输过程中，本章采用了TinyOS中的TOS_Msg结构来封装网络中传输的所有感知数据。因此，数据包中需要额外7个字节用于封装地址、类型、校验码等控制信息。同时，每个感知数据的字段长度为2个字节，因此每个数据包的长度为9个字节。

5.5.2 数据收集性能分析

首先，将本章方案与压缩数据收集（Compressive Data Gathering，CDG）方案[141]和非压缩数据收集（Non-compressive Data Compression，NDC）方案[147]进行性能比较。在CDG方案中，感知数据不是基于节点的位置自适应地进行压缩的。因此，利用该方案收集数据时会传输过多的数据，进而会降低方案的数据收集性能。在NDC方案中，采用了与本章方案相似的簇结构，但是未压缩网络中的感知数据。因此，采集树中的非叶子节点将会消耗大量的能量，进而导致“热点问题”。为了便于描述，将本章描述的大规模数据收集方案简称为CCDC（Clustering Compressive Data Collection）方案。

后续实验将比较数据收集方案的数据传输量、平均能耗和网络生存期三个指标。其中，网络生存期是指首个非叶子节点耗尽能量之前的最大周期数，它是衡量无线传感器网络持续监控周期的一个重要性能指标。在实验过程中，测量数据的大小$m=\lfloor n/\omega \rfloor$，其中$\omega$是压缩率，$\lfloor\quad\rfloor$是下取整运算符。

首先，图5-3和图5-4分别展示了三种方案在不同压缩率ω条件下的数据传输量和平均能耗。显然，在数据通信性能方面，CCDC方案优于其他两种方案。而且，由于NDC方案中未对数据进行压缩操作，因此压缩率ω对NDC方案没有任何影响。对于CCDC和CDG方案，数据通信性能随着压缩率ω的增加而提高。这是因为压缩率ω越高，网络中传输的数据量越少，因此每个节点的能消就越低。同时，还可以看出CDG方案的数据通信性能逊于NDC方案，这一现象与文献[142]中的结论一致，这意味着简单地将压缩感知技术应用于无线传感器网络的数据收集问题并不会带来直接的性能提升。

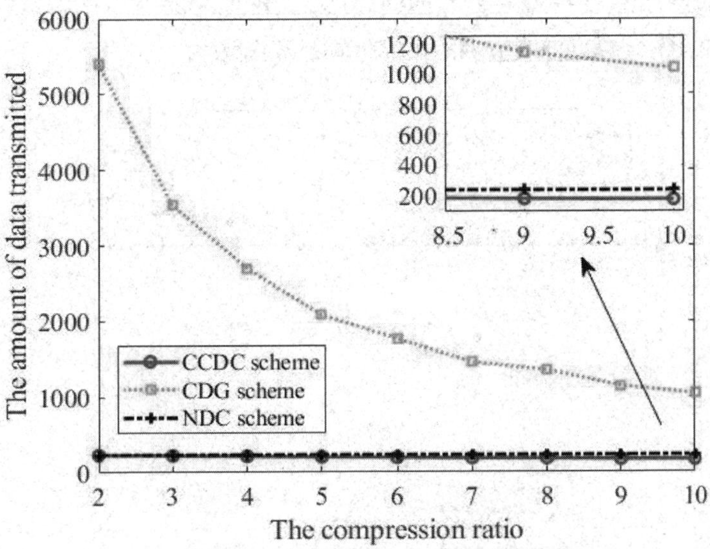

图 5-3　不同压缩率ω下的数据传输量

Figure 5-3 Amount of data transmitted at different ω

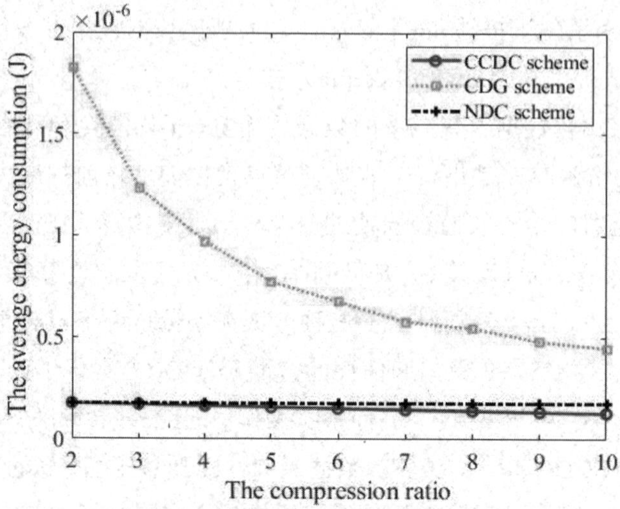

图 5-4 不同压缩率ω下的平均能耗

Figure 5-4 Average energy consumption at different ω

图5-5展示了三种方案在不同压缩率ω条件下的网络生存期。从图中可以看出，CDG方案的网络寿命显著低于其余两种方案。同时，当压缩率ω大于5时，CCDC方案的网络生存期显著长于NDC方案。并且，随着压缩率ω的增加，CCDC方案和NDC方案之间的网络生存期差距逐渐增大。

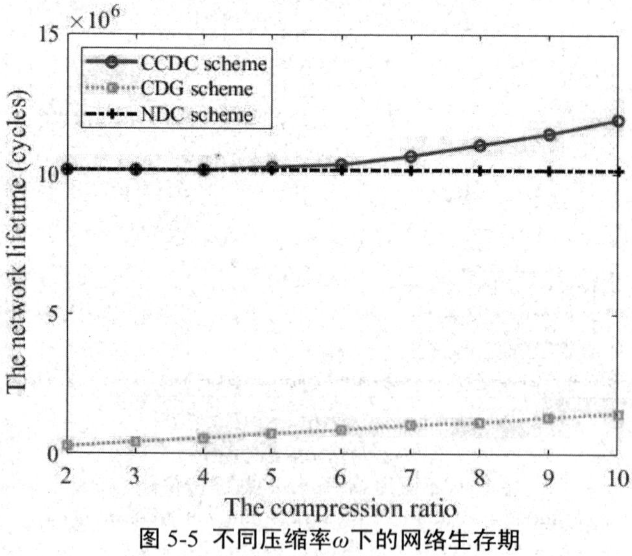

图 5-5 不同压缩率ω下的网络生存期

Figure 5-5 Network lifetime at different ω

图5-6、图5-7和图5-8分别展示了三种数据收集方案在不同阈值B条件下的数据传输量、平均能耗和网络生存期。在算法5-1中，阈值B用于调节数据相关簇的大小。

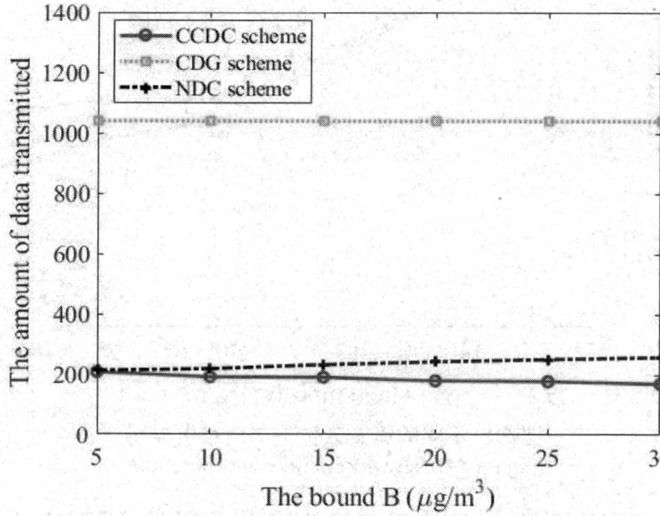

图 5-6 不同阈值 B 条件下的数据传输量
Figure 5-6 Amount of data transmitted at different B

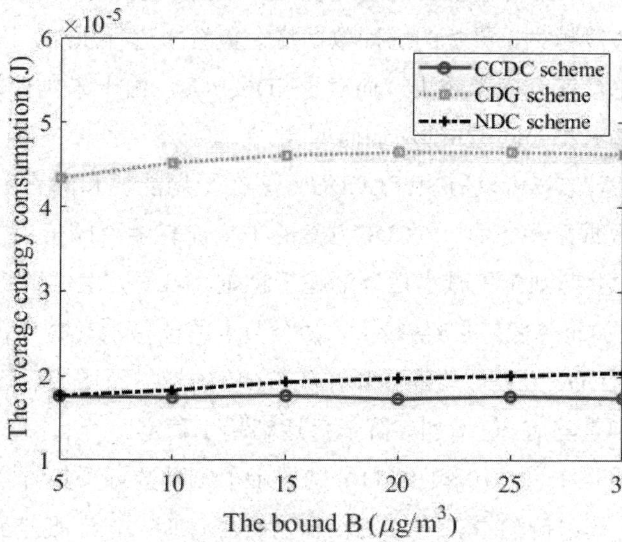

图 5-7 不同阈值 B 条件下的平均能耗
Figure 5-7 Average energy consumption at different B

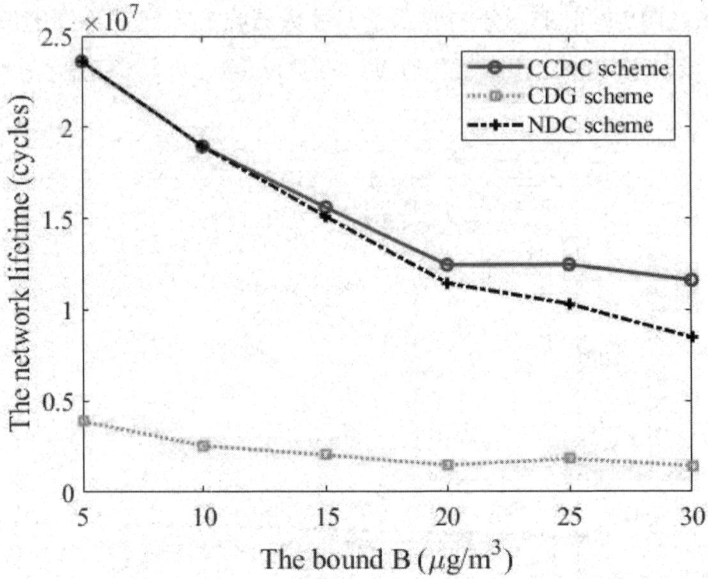

图 5-8 不同阈值 B 条件下的网络生存期
Figure 5-8 Network lifetime at different B

从图5-6中可以看出，CDG方案的传输数据量不受阈值B的影响。而在CCDC方案中，数据传输量会随着阈值B值的增加而降低。产生此现象的原因在于数据相关簇越大，更多的感知数据将会被统一进行压缩，因此数据收集时传输的数据总量就会变得越少。而对于NDC方案，由于未执行数据压缩操作，因此数据传输量将会随着B的增加而增大。

从图5-7和图5-8可以看出，CCDC方案在平均能耗和网络生存期方面均优于其他两种数据采集方案。CCDC方案的平均能耗随着阈值B的增加基本保持不变，网络生存期则是先减小后逐渐趋于稳定。NDC方案的数据通信性能则随着阈值B的增加而降低，即B值越大，每个节点的能量消耗越大，网络生存时间越短。而对于CDG方案，平均能耗在随着B值的增加而增加后逐渐趋于稳定，网络生存期则是随着B值增加而降低后逐渐趋于稳定。

最后，图5-9、图5-10和图5-11分别展示了三种数据采集方案在不同通信距离d_t条件下的数据传输量、平均能耗和网络生存期。由于通信距离d_t的值设置较大时，传感器节点之间可直接进行通信。因此通信距离d_t会对算法5-1中的网络连通性有所影响。与前述实验结果类似，CCDC方案在不同通信距离d_t条件下会比其他两种方案具有更好的数据通信性能。当通信距离d_t增加时，CCDC方案和NDC方案中的数据传输量和平均能耗会逐渐降低然后趋于平稳，而CDG方案中的数据传输量则不受通信距离d_t的影响。此外，在相同条件下，CDG方案的平均能耗会先逐渐增加，然后趋于稳定。在网络生存期方面，CCDC方案和CDG方案表现出相似的性质，即随着通信距离d_t的增加先降低，然后逐渐趋于稳定。而在NDC方案中，通信距离不会对传感器网络的生存期有任何影响。产生这种现象背后的原因是因为在CCDC方案和NDC方案中，由于簇内包含了更多的无线传感器节点，所以需要较少的数据压缩和转发操作。而对于CDG方案来说，通信距离对底层的数据采集结构没有影响。但是通信距离越长，“热点”节点的传输能量消耗就越大，从而缩短了网络的整体生存时间。

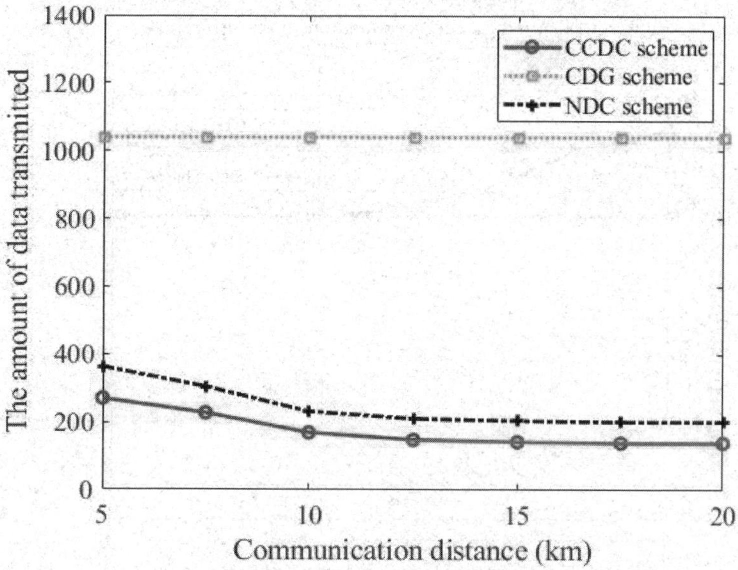

图 5-9 不同通信距离 d_t 条件下的数据传输量
Figure 5-9 Amount of data transmitted at different d_t

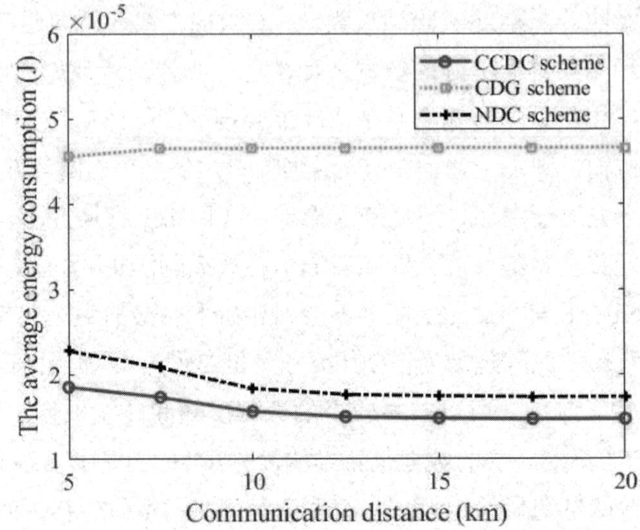

图 5-10 不同通信距离 d_t 条件下的平均能耗

Figure 5-10 Average energy consumption at different d_t

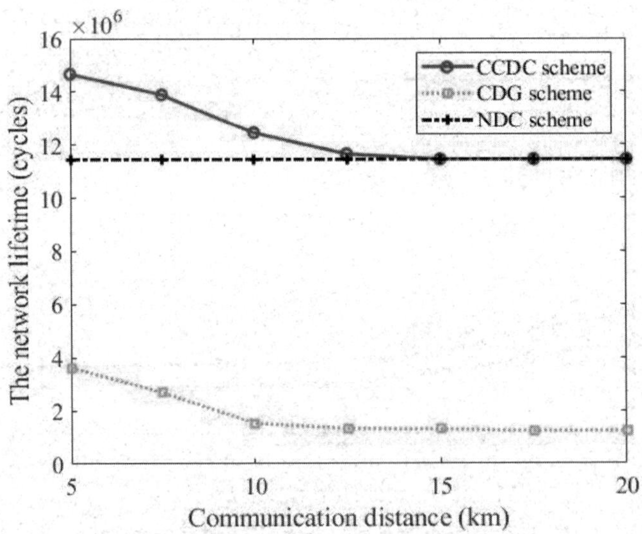

图 5-11 不同通信距离 d_t 条件下的网络生存期

Figure 5-11 Network lifetime at different d_t

5.5.3 数据重构性能分析

由于NDC方案未对数据进行压缩操作，因此本节实验中将NDC方案替换成基于LASSO的数据收集方案[148]。在分析数据重构性能时，采用归一化平均绝对误差（Normalized Mean Absolute Error，NMAE）指标进行度量，其定义如下：

$$NMAE = \frac{\sum_{i=1}^{n}\left|x_i - \hat{x}_i\right|}{\sum_{i=1}^{n}\left|x_i\right|} \tag{5-16}$$

其中，$\hat{x}$是数据重构结果。显然，采用归一化平均绝对误差越低，方案的数据重构性能越好。

图5-12展示了三种数据收集方案在不同压缩率ω条件下的归一化平均绝对误差。从图中可以看出，CCDC方案在数据重构精度方面优于其他两种数据收集方案。因此，本章所设计的组稀疏优化模型能够较好地反映底层数据的特征，并且利用分簇结构的数据收集算法能够精确地重构原始感知数据。

从图5-12中还可以看出，实验中三种数据收集方案的数据重构性能均随着压缩率ω的增加而降低。由压缩感知理论可以很容易地得出上述结论，即测量数据越少，数据重构性能越差。

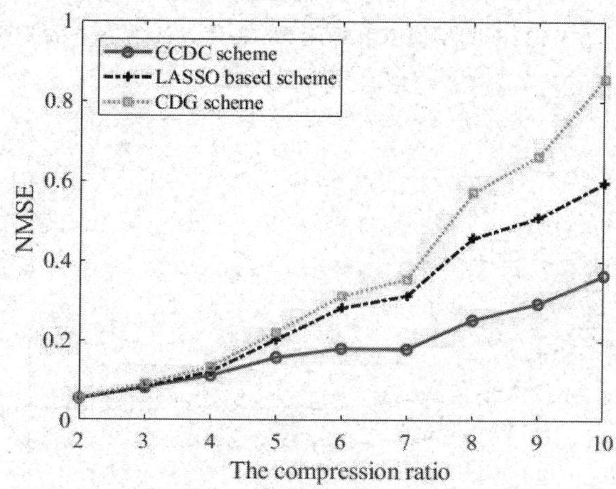

图 5-12　不同压缩率ω条件下的数据重构误差

Figure 5-12 NMAE at different ω

图5-13和图5-14分别展示了三种数据收集方案随着阈值B、通信距离d_t和压缩率ω变化时，归一化平均绝对误差的变化情况。从图5-13和图5-14中可以看

出，三种数据收集方案的数据重构性能均随着阈值B和通信距离d_t的增加而略有提高，随后逐渐趋于稳定。显然，随着阈值B和通信距离d_t的增加，更多的传感器节点将会被分配至同一个簇中。但是，阈值B和通信距离d_t增加到一定程度以后，它们对分簇效果的影响将会逐渐减弱。从图5-13和图5-14中还可以看出，三种数据收集方案的数据重构性能与数据压缩率ω成反比，该结论与之前的实验结果保持一致。

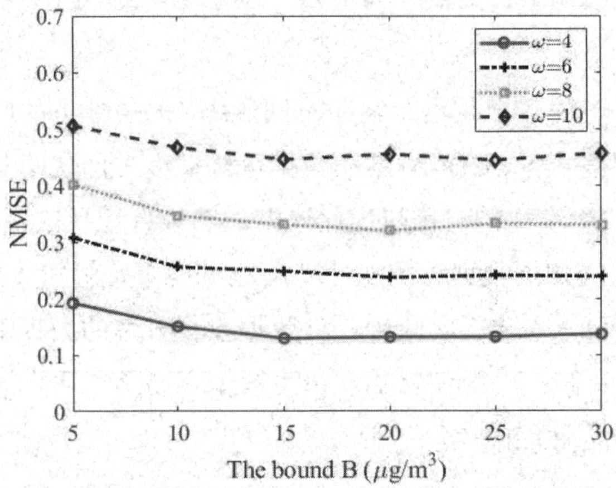

图 5-13 不同阈值 B 和压缩率ω条件下的数据重构误差
Figure 5-13 NMAE at different B and ω

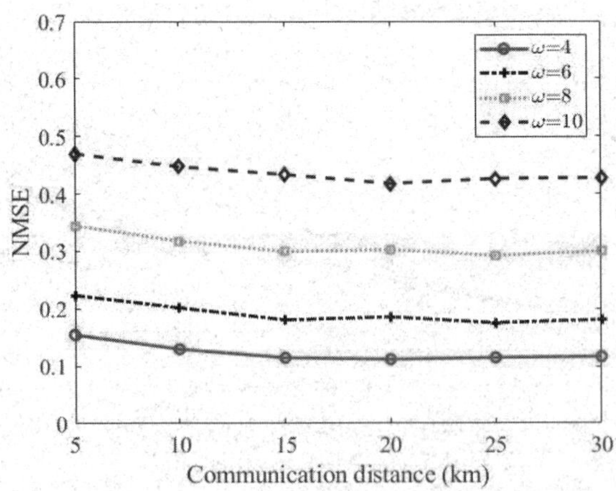

图 5-14 不同通信距离 d_t和压缩率ω条件下的数据重构误差
Figure 5-14 NMAE at different d_t and ω

5.6 本章小结

本章提出了一种面向大规模无线传感器网络的数据收集方案，首先利用基于空间相关性的分簇算法将整个网络划分为多个数据相关的簇，然后利用基于分簇的数据压缩算法构建一棵支持混合数据收集模式的数据收集树，最后利用分簇数据重构算法将数据重构问题抽象为一个组稀疏问题，并利用ADMM框架进行求解。实验结果表明，该方案在数据传输量、平均能量消耗、网络生存期和数据重构精度等性能指标上均优于现有的数据采集方案。

第 6 章　基于联合稀疏模型的数据收集算法

6.1 算法概述

无线传感器网络中的数据具有较强的联合稀疏特性，基于压缩感知理论可通过联合编码压缩数据，并使用联合解码进行数据还原，从而以较低的采样代价收集传感网中的感知数据。本章介绍了一种基于联合稀疏模型与压缩感知理论的同步子空间追踪（Simultaneous Subspace Pursuit，SSP）算法，以稀疏特性为先验知识，通过回溯迭代方式，判断并选取正确的联合子空间，用更少量观测值实现原始传感数据的精确重构[149]。与现有的同步压缩采样匹配追踪（Simultaneous Compressive Sampling Matching Pursuit，SCoSaMP）算法、子空间追踪（Subspace Pursuit，SP）算法在不同稀疏特性和不同采样率下相比较，同步子空间追踪算法具有较好的数据重构性能。

6.2 相关工作

压缩感知理论以信号具有稀疏特性为先验条件，主要包括信号的稀疏表达、编码测量及重构算法等三个方面[150]。若信号$\boldsymbol{x}\in\mathbf{R}^N$中非零元素个数为$k\ll N$，则信号$\boldsymbol{x}$可在某组稀疏基$\boldsymbol{\Psi}=[\psi_1,\psi_2,\cdots,\psi_N]$上进行$k$-稀疏表达

$$\boldsymbol{x}=\sum_{i=1}^{k}\boldsymbol{\Psi}_i\theta_i=\boldsymbol{\Psi\theta} \tag{6-1}$$

用一个与$\boldsymbol{\Psi}$不相关的观测矩阵$\boldsymbol{\Phi}\in\mathbf{R}^{M\times N}$（$M\ll N$）对信号$\boldsymbol{x}$进行线性投影，可得

到采样信号$\boldsymbol{y}\in\mathbf{R}^M$，即

$$\boldsymbol{y}=\boldsymbol{\Phi x} \tag{6-2}$$

得到的测量信号$\boldsymbol{y}$的维度远低于原始信号$\boldsymbol{x}$，从而实现了信号的压缩。与传统数据采集不同，压缩感知理论在采集中便完成了数据的压缩，并不需要获取到信号的完整信息。此时问题就是用得到的低维度测量信号$\boldsymbol{y}$还原信号$\boldsymbol{x}$。显然，理论上式（6-2）不可解，即不能通过y重构原始信号$\boldsymbol{x}$。但当信号$\boldsymbol{x}$满足稀疏特性时，由式（6-1）可将式（6-2）转化为：

$$\boldsymbol{y}=\boldsymbol{A\theta} \tag{6-3}$$

其中$\boldsymbol{A}=\boldsymbol{\Phi\Psi}$，此时可将求解式（6-2）转化为求解式（6-3）。为确保能够重建原始信号x，除须满足稀疏特性外，还需测量矩阵$\boldsymbol{\Phi}$满足约束等距条件[151]，此约束条件一般通过稀疏基$\boldsymbol{\Psi}$与观测矩阵$\boldsymbol{\Phi}$不相关来保证。此时，可通过l_0范数最小化问题来求解式（6-3）：

$$\begin{aligned}&\hat{\boldsymbol{\theta}}=\arg\min\|\boldsymbol{\theta}\|_0\\&\text{s.t.}\quad \boldsymbol{A\theta}=\boldsymbol{y}\end{aligned} \tag{6-4}$$

再由式（6-1）可精确重构出原始信号$\boldsymbol{x}$。

式（6-4）是一个NP-难问题，目前有很多方法求解这个问题，常采用的算法中贪婪算法具有最快重构速度。代表性的贪婪算法包括：匹配追踪算法（Matching pursuit，MP）、正交匹配追踪（Orthogonal Matching Pursuit，OMP）、分级正交匹配追踪（Stagewise Orthogonal Matching Pursuit，SOMP）、压缩采样匹配追踪（Compressive Sampling Matching Pursuit，CoSaMP）、子空间追踪（Subspace Pursuit，SP）[152]等。SP算法利用迭代逼近的方法获取每次候选原子支撑集。通过对当前估计支撑集的正确性进行判断，并剔除不可用的原子集合，直到可精确重构信号为止，相比于其他贪婪算法有着更高的数据重构精度。

针对联合稀疏模型，Blanchard等人提出了几种联合稀疏重构算法[153]，包括同步迭代硬阈值算法（Simultaneous Iterative Hard Thresholding，SIHT）、同步硬阈值追踪算法（Simultaneous Hard Thresholding Pursuit，SHTP）、同步压缩采样匹配追踪（Simultaneous Compressive Sampling Matching Pursuit，SCoSaMP）算法。其中，SIHT算法是基于迭代的思想，在联合稀疏条件下，

每次以固定阈值确定的非线性算子估算代理信号，根据信号稀疏特性选取支撑集并计算选取对应原子，实现信号重构。SHTP算法以非线性算子估算原始信号，依据信号大小选取去除原子，通过最小二乘法一次性实现传感数据的重构。SCoSaMP算法的主要思想是基于联合稀疏模型，采用回溯的思想，迭代时选取与代理信号中稀疏度两倍的最大传感数据子矩阵所对应的序号集合，与上次迭代序号集合取并作为本次的候选序号集合，最后利用最小二乘法求出该序号集合上的传感数据子矩阵。其中，SCoSaMP算法的数据重构精度高于另外两种算法。

6.3 同步子空间追踪算法

6.3.1 联合稀疏模型

针对传感数据的内相关与互相关性，进行合理建模，可一次性对多个信号进行联合重构，实现用更少量观测值精确重构出原始传感数据。D. Baron提出了三种联合稀疏模型（Joint Sparse Model，JSM）：JSM1、JSM2、JSM3，这三种联合稀疏模型是近年来研究无线传感器网络数据建模的基础。

假设有信号$\boldsymbol{x}_t$，在JSM1模型中可表示为：

$$\boldsymbol{x}_t = \boldsymbol{z}_c + \boldsymbol{z}_t, t \in \{1, 2, \cdots, T\} \tag{6-5}$$

其中，$\boldsymbol{z}_c$为信号的共同稀疏部分，$\boldsymbol{z}_t$为信号的个体稀疏部分，且这两部分可用同一个稀疏基进行表示：

$$\begin{aligned} \boldsymbol{z}_c &= \boldsymbol{\Psi}\boldsymbol{\theta}_c, \|\boldsymbol{\theta}_c\|_0 = K_c \\ \boldsymbol{z}_t &= \boldsymbol{\Psi}\boldsymbol{\theta}_t, \|\boldsymbol{\theta}_t\|_0 = K_t \end{aligned} \tag{6-6}$$

式（6-6）中，$\boldsymbol{\theta}_c$为$\boldsymbol{z}_c$在稀疏基$\boldsymbol{\Psi}$上的变换系数，K_c表示$\boldsymbol{z}_c$在稀疏基$\boldsymbol{\Psi}$上的稀疏度，$\boldsymbol{\theta}_t$为$\boldsymbol{z}_t$在稀疏基$\boldsymbol{\Psi}$上的变换系数，K_t表示$\boldsymbol{z}_t$在稀疏基$\boldsymbol{\Psi}$上的稀疏度。

在JSM2模型中信号$\boldsymbol{x}_t$可表示为：

$$\begin{aligned} &\boldsymbol{x}_t = \boldsymbol{z}_t = \boldsymbol{\Psi}\boldsymbol{\theta}_t, \\ &\|\boldsymbol{\theta}_t\|_0 = K, t \in \{1, 2, \cdots, T\} \end{aligned} \tag{6-7}$$

其中，z_t为信号的个体稀疏部分，$\boldsymbol{\theta}_t$为z_t在稀疏基$\boldsymbol{\Psi}$上的稀疏表达，K表示z_t在稀疏基$\boldsymbol{\Psi}$上的稀疏度。JSM2中信号只包含具有相同稀疏基的个体稀疏部分，每个信号均可稀疏化且稀疏度相同，但系数不同。

在JSM3模型中信号$\boldsymbol{x}_t$可表示为：

$$\boldsymbol{x}_t = z_c + z_t, t \in \{1, 2, \cdots, T\} \tag{6-8}$$

其中，z_c为信号的共同非稀疏部分，z_t为信号的个体稀疏部分。虽然信号在JSM3下与在JSM2下表示相同，但JSM3表示中，只有z_t可在稀疏基$\boldsymbol{\Psi}$上进行稀疏表达：

$$\begin{aligned} z_c &= \boldsymbol{\Psi}\boldsymbol{\theta}_c \\ z_t &= \boldsymbol{\Psi}\boldsymbol{\theta}_t, \|\boldsymbol{\theta}_t\|_0 = K_t \end{aligned} \tag{6-9}$$

其中，$\boldsymbol{\theta}_t$为z_t在稀疏基$\boldsymbol{\Psi}$上的变换系数，K_t表示z_t在稀疏基$\boldsymbol{\Psi}$上的稀疏度，z_c不能在稀疏基$\boldsymbol{\Psi}$上稀疏表示。

6.3.2 算法设计

用矩阵$\boldsymbol{X} \in \mathbf{R}^{S \times T}$和矩阵$\boldsymbol{Y} \in \mathbf{R}^{M \times T}$分别表示多个无线传感器节点的感知数据与联合采样数据，即：

$$\boldsymbol{X} = \begin{bmatrix} x_1 \\ x_2 \\ \vdots \\ x_i \end{bmatrix}, i \in \{1, 2, \cdots, S\}$$

$$\boldsymbol{Y} = \begin{bmatrix} y_1 \\ y_2 \\ \vdots \\ y_j \end{bmatrix}, j \in \{1, 2, \cdots, M\} \tag{6-10}$$

其中，S表示传感器节点数目，T表示传感数据采集周期，向量$\boldsymbol{x}_i \in \mathbf{R}^{1 \times T}$表示单传感节点在采样周期内的传感数据，向量$\boldsymbol{y}_i \in \mathbf{R}^{1 \times T}$表示单传感节点在采样周期内的压缩采样数据。观测矩阵为$\boldsymbol{\Phi} \in \mathbf{R}^{M \times S}$，整个采样过程可用式（6-2）表示。

假设$\boldsymbol{X}$符合JSM2，则$\boldsymbol{X}$可用式（6-1）进行稀疏表达，其中稀疏基可用$\boldsymbol{\Psi} \in \mathbf{R}^{S \times S}$

表示。为重构$\boldsymbol{X}$，可将式（6-4）转化为求解最优l_1范数问题：

$$\begin{aligned}&\min_{\boldsymbol{\Theta}}\|\boldsymbol{\Theta}\|_1\\&\text{s.t.}\quad \boldsymbol{A\Theta}=\boldsymbol{Y}\end{aligned}\tag{6-11}$$

其中，$\boldsymbol{\Theta}$为$\boldsymbol{X}$在稀疏基$\boldsymbol{\Psi}$下的稀疏表达，$\boldsymbol{A}=\boldsymbol{\Phi\Psi}$，同步子空间追踪算法就是寻求上述问题的逼近解。

SSP算法以与残差最匹配为原则，以数据的联合稀疏特性为标准，选取正确恢复数据的子空间。残差即由原始数据得到的采样数据与原始数据的逼近值求得的采样数据的差：

$$\boldsymbol{Y}_r=\boldsymbol{Y}-\boldsymbol{A}\tilde{\boldsymbol{\Theta}}\tag{6-12}$$

其中，$\boldsymbol{Y}$表示原始采样数据，$\boldsymbol{Y}_r$表示残差。SSP算法中残差算式如下:

$$\boldsymbol{Y}_r'=resid(\boldsymbol{Y}_r,\boldsymbol{A}_T)\tag{6-13}$$

其中，T表示支撑集，即选取的数据子空间所对应的序号集合，$\boldsymbol{Y}_r$表示上一次迭代过程产生的残差，$\boldsymbol{A}_T$表示在支撑集T上的观测矩阵分量，$\boldsymbol{Y}_r'$表示本次迭代当前的残差。求取前R个与当前残差最匹配的传感数据子矩阵所对应的序号集合并与支撑集T合并，可得到当前候选支撑集：

$$Q=DetectSupport(\boldsymbol{A}^{\mathrm{T}}\boldsymbol{Y}_r,R)\cup T_0\tag{6-14}$$

其中，R表示数据的联合稀疏特性，即数据矩阵的秩，Q为当前候选支撑集。根据当前候选支撑集可计算出当前最匹配的候选数据子空间：

$$\boldsymbol{U}=\underset{\mathrm{supp}(\boldsymbol{W})\subseteq Q}{\arg\min}\|\boldsymbol{Y}-\boldsymbol{AW}\|_F\tag{6-15}$$

式（6-15）中，$\boldsymbol{U}$为当前最匹配的候选数据子空间，$\boldsymbol{W}$为当前候选支撑集上的候选子空间，该问题可利用最小二乘法求解。根据当前候选数据子空间与数据的联合稀疏特性求得本次迭代支撑集：

$$\boldsymbol{T}=DetectSupport(\boldsymbol{U},\boldsymbol{R})\tag{6-16}$$

其中，T表示本次迭代产生的支撑集，可用于下次迭代选取与残差最匹配的数据子空间或计算本次与残差最匹配的数据子空间。算法迭代停止的条件为：

$$\|\tilde{\boldsymbol{Y}}_r\|_2>\|\boldsymbol{Y}_r\|_2\tag{6-17}$$

即当本次迭代的残差大于上次迭代的残差时，迭代停止，在本次迭代产生的支撑集上求得的数据子空间即为传感数据稀疏表达的逼近解：

$$\boldsymbol{\Theta}' = \underset{\mathrm{supp}(\boldsymbol{W})\subseteq T}{\arg\min} \left\| \boldsymbol{Y} - \boldsymbol{A}\boldsymbol{W} \right\|_F \tag{6-18}$$

其中，$\boldsymbol{\Theta}'$为原始传感数据稀疏表达的逼近解，根据式（6-1）可用$\boldsymbol{\Theta}$恢复出原始传感数据。

同步子空间追踪算法的伪代码如算法6-1所示。

算法 6-1：同步子空间追踪算法

Algorithm 6-1: Simultaneous subspace pursuit algorithm

输入：观测矩阵$\boldsymbol{A}$，采样数据$\boldsymbol{Y}$，数据矩阵的秩R。

输出：传感数据稀疏表达$\boldsymbol{\Theta}$的逼近解$\boldsymbol{\Theta}'$。

(1) 初始化残差为$\boldsymbol{Y}_r=\boldsymbol{Y}$，初始化最匹配的候选数据子空间为$\boldsymbol{U}=\boldsymbol{A}^{\mathrm{T}}(\boldsymbol{Y}-\boldsymbol{A}\,\boldsymbol{\Theta})$，利用$T = DetectSupport(\boldsymbol{U}, \boldsymbol{R})$初始化支撑集。

(2) 新增候选支撑集：由$Q = DetectSupport(\boldsymbol{A}^{\mathrm{T}}\boldsymbol{Y}_r, \boldsymbol{R}) \cup T_0$计算与当前残差最匹配的前$R$个传感数据子矩阵所对应的序号集合与当前支撑集的并集。

(3) 计算当前候选支撑集上最匹配的数据子空间$U = \arg\min \|\boldsymbol{Y} - \boldsymbol{A}\boldsymbol{W}\|_F$。

(4) 由$T = DetectSupport(\boldsymbol{U}, \boldsymbol{R})$计算本次迭代支撑集。

(5) 更新残差$\tilde{\boldsymbol{Y}}_r = resid(\boldsymbol{Y}_r, \boldsymbol{A}_T)$，若满足停止条件$\|\tilde{\boldsymbol{Y}}_r\|_2 > \|\boldsymbol{Y}_r\|_2$则停止执行，由$\boldsymbol{\Theta}' = \underset{\mathrm{supp}(\boldsymbol{W})\subseteq T}{\arg\min} \|\boldsymbol{Y} - \boldsymbol{A}\boldsymbol{W}\|_F$计算$\boldsymbol{\Theta}'$并输出。否则令$T_0 = T, \boldsymbol{Y}_r = \tilde{\boldsymbol{Y}}_r$，回到第（2）步执行。

同步子空间追踪算法是一种应用于联合稀疏模型的信号重构算法，本质仍遵循贪婪算法的迭代思想，以稀疏特性为先验知识，通过回溯迭代方式，判断并选取正确的联合子空间，对传感数据进行联合重构。联合稀疏模型具有时空相关特性，同步子空间追踪算法在迭代选择过程中不需要为模型中的传感数据子矩阵依次进行支撑集的选择与更新。利用无线传感器节点感知数据的内相关与互相关性，以更少量观测值实现原始传感数据的精确重构。

6.4 实验分析

本书使用MATLAB软件在CPU为Intel Core i3 3.30GHz、内存2GB的某品牌

台式电脑环境下进行实验。实验参考Gogna等人中提出的方法设计具有时空相关性的数据，将一个列满秩矩阵与一个行满秩矩阵的乘积作为原始传感数据数据。实验主要分为两个部分，一部分是分析SSP算法本身在不同稀疏特性与不同采样率下的还原精度，另一部分是对比分析SP算法、SCoSaMP算法与本书提出的SSP算法在不同稀疏特性与不同采样率下的还原精度与恢复效率。

实验用原始数据与重构数据的信噪比作为评判数据重构精度的标准。信噪比的定义如下：

$$SNR = 10\log_{10}\frac{\|\boldsymbol{X}\|_2}{\|\boldsymbol{X}-\boldsymbol{X}'\|_2} \tag{6-19}$$

其中，$\boldsymbol{X}$为原始传感数据，$\boldsymbol{X}'$为$\boldsymbol{X}$压缩采样后经过SSP算法还原的传感数据。因采样传感数据必须满足维度大于原始传感数据的秩才能实现信号重构，所以实验中设定采样传感数据维度以原始信传感数据的两倍作为起始值进行实验。

6.4.1 性能分析

在算法的性能分析部分，通过三个不同的实验对本章所描述的同步子空间追踪算法进行性能分析。

（1）实验一。设定将256个传感器节点随机分布在大小为100×100的网格区域内，采集传感数据的周期T为256，采样率为0.5，稀疏特性为20。分析SSP算法的重构性能，用原始数据与重构数据的残差来表示，当残差小于10^{-6}时，可以判定数据重构性较高。图6-1显示了实验条件下原始传感数据与重构传感数据以及两种数据的残差，可以看出残差的范围小于10^{-13}，因此SSP算法有很高的重构性能。

（2）实验二。同样设定将256个传感器节点随机分布在大小为100×100的网格区域内，采集传感数据的周期T为256，分析同步子空间追踪算法在不同稀疏特性与不同观测数目下的重构性能，用原始信号与重构信号的信噪比来表示。图6-2展示了SSP算法在不同稀疏特性与不同采样率下的信噪比。从图中可以看出，稀疏特性一定的情况下，随着采样率的增加，原始传感数据与还原传感数据的信噪比逐渐增高，表明SSP算法恢复性能随着采样率的增加逐步增强。

而当采样率一定时，原始传感数据与还原传感数据的信噪比随着稀疏特性的加强逐渐增加，显示出SSP算法可以在传感数据有较强时空相关性时精确重构原始传感数据。

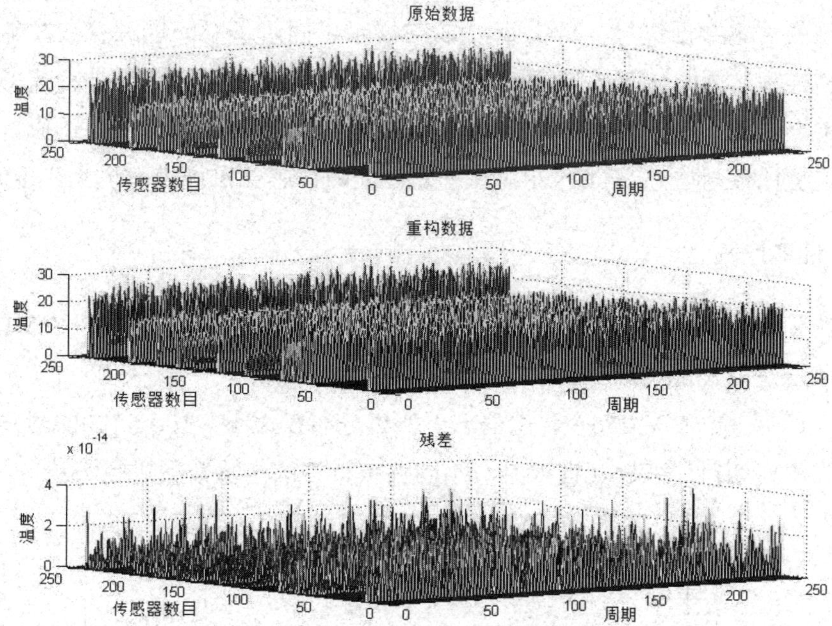

图 6-1　原始数据、重构数据和残差对比

Figure 6-1 The comparison of raw data, reconstructed data, and residual

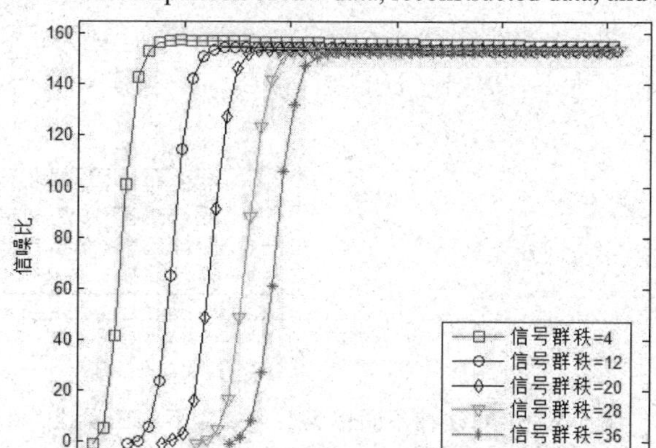

图 6-2 SSP 算法在不同稀疏特性与不同采样值下信噪比

Figure 6-2 The SNR of SSP algorithm in different sparse characteristics and sampling values

（3）实验三。主要验证SSP算法在不同传感节点规模下的性能。实验设定分别将256、512、768、1204个传感器节点随机分布在大小为100×100的网格区域内，采集传感数据的周期T分别为256、512、768、1024，选取具有相同稀疏特性的传感数据进行分析实验。图6-3展示了同步子空间追踪算法在稀疏特性与采样率相同而传感节点规模不同情况下的信噪比。可以看出，稀疏特性与采样率一定的情况下，随着传感节点规模的增加，原始传感数据与还原传感数据的信噪比逐渐增高，表明SSP算法恢复性能随传感节点规模的扩大逐步增强。

6.4.2 性能比较

在算法的性能比较部分，通过三个不同的实验对SSP算法、SCoSaMP算法和SP算法进行性能比较分析。

（1）实验一。将256个传感器节点随机分布在大小为100×100的网格区域内，收集周期T设为256，选取具有不同稀疏特性的传感数据进行实验。

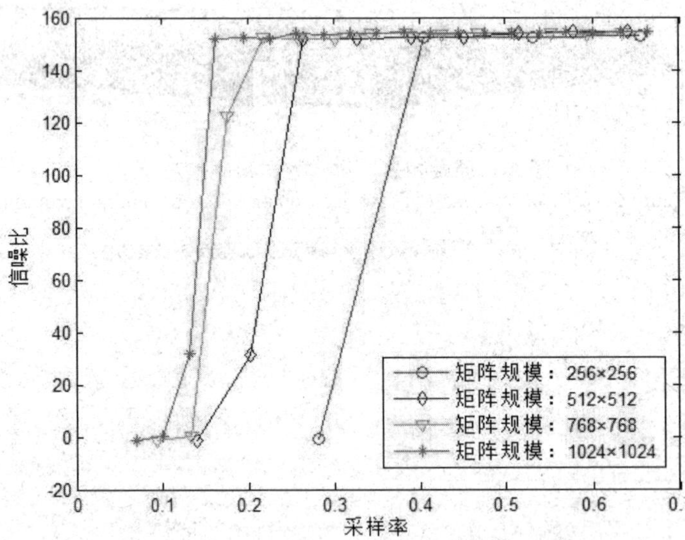

图 6-3 SSP 算法在不同传感节点规模下的信噪比

Figure 6-3 The SNR of SSP algorithm in different number of sensor nodes

表6-1显示了三种数据重构算法在不同稀疏特性与不同采样率下原始传感数据与还原传感数据的信噪比，单位为分贝。由表中可以看出，在相同稀疏特

性下，当采样率相同时，SSP算法与SP算法的信噪比相同，但明显高于SCoSaMP算法，表明同等稀疏特性下使用三种算法重构原始传感数据，SSP算法的重构精度高于SCoSaMP算法。对比不同稀疏特性下各算法的信噪比，可看出当传感数据的秩越低时，SSP算法的SNR越大于SCoSaMP算法的SNR，表明SSP算法在联合稀疏特性较明显的情况下相比其他算法有更好的还原精度。

表 6-1　三种算法在不同稀疏特性与不同采样值下的信噪比

Table 6-1 SNR of three algorithms in different sparse characteristics and sampling values

传感数据秩	观测值	SCoSaMP	SP	SSP
4	20	32.8	41.6	41.6
4	35	148.4	153.0	153.0
4	60	155.8	157.0	157.0
4	75	155.9	157.2	157.2
20	60	11.7	48.6	48.6
20	80	138.3	153.4	153.4
20	100	150.0	153.6	153.6
20	120	152.1	153.8	153.8
36	100	2.0	106.1	106.1
36	120	136.7	151.9	151.9
36	140	147.6	152.5	152.5
36	160	149.8	152.6	152.6

（2）实验二。与实验一设定相同，表6-2展示了三种算法在不同稀疏特性与不同采样率下的数据还原时间，单位是秒。从表中可以看出，当稀疏特性相同时，SSP算法与SCoSaMP算法还原传感数据的时间基本相同，但明显低于SP算法还原传感数据所需的时间。因此，在稀疏特性相同的情况下，SSP算法具有较高的还原效率。在不同稀疏特性下，可看出当稀疏特性较明显时，SSP算法的还原效率较高一些，但变化不显著。

表 6-2 三种算法在不同稀疏特性与不同采样值下的还原时间
Table 6-2 Reconstruction time of three algorithms in different sparse characteristics and sampling values

传感数据秩	观测值	SCoSaMP	SP	SSP
4	20	0.016	0.312	0.009
4	35	0.015	0.328	0.015
4	60	0.016	0.343	0.016
4	75	0.016	0.359	0.015
20	60	0.016	0.687	0.016
20	80	0.016	1.138	0.016
20	100	0.015	0.968	0.015
20	120	0.016	0.827	0.016
36	100	0.016	1.513	0.015
36	120	0.031	1.357	0.032
36	140	0.047	1.419	0.047
36	160	0.031	1.404	0.047

（3）实验三。分别将256、512、768、1024个传感器节点随机部署在大小为100×100的网格区域内，采集传感数据的周期T分别设置为256、512、768、1024，选取具有相同稀疏特性的传感数据进行分析实验。

图6-4的四个子图分别为传感数据规模为512×512、768×768、1204×1204时三种算法在相同稀疏特性与相同采样率下的信噪比。对比可看出，矩阵规模变大时，SSP算法的重构精度仍高于SCoSaMP算法的重构高度。

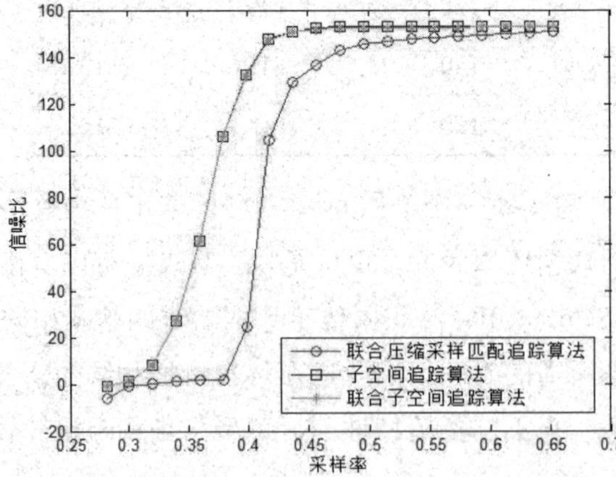

（a）传感数据规模为 256×256 下的信噪比

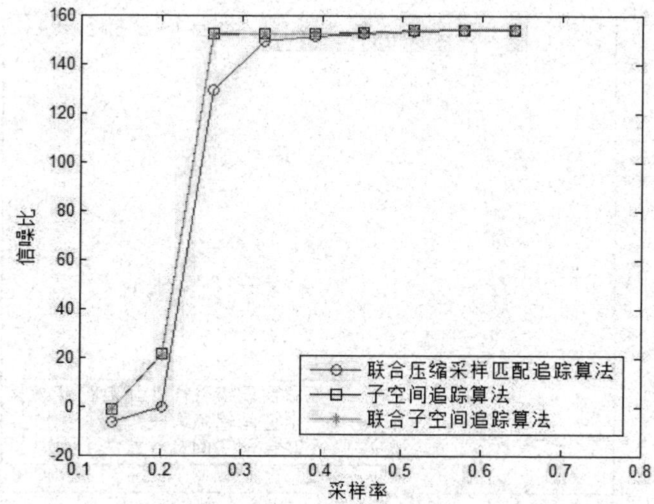

（b）传感数据规模为 512×512 下的信噪比

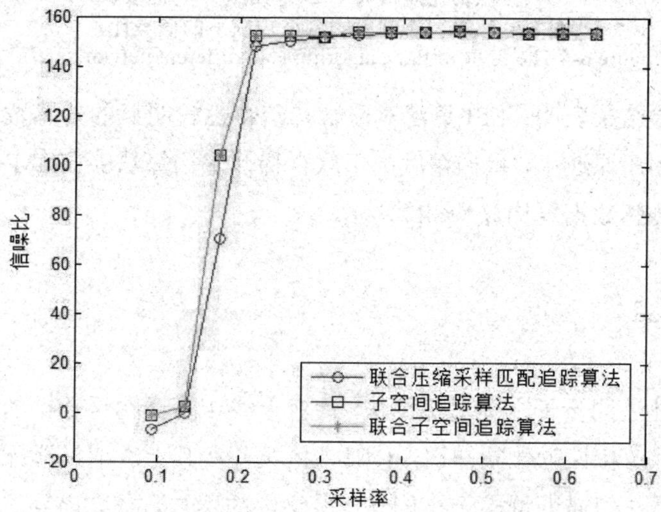

（c）传感数据规模为 768×768 下的信噪比

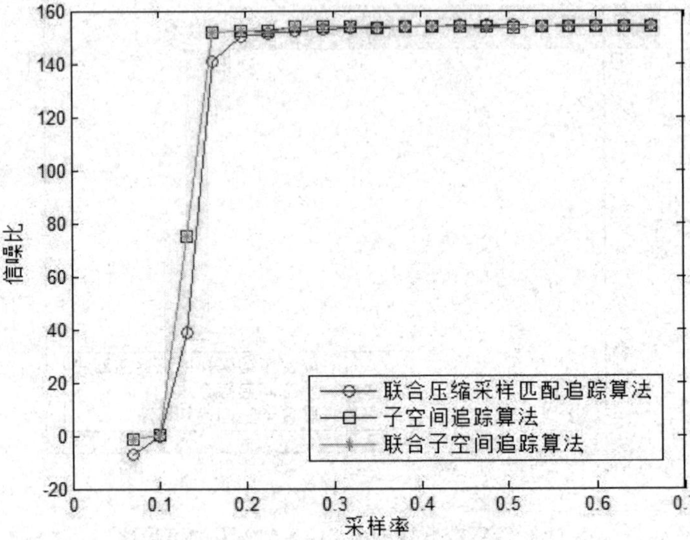

（d）传感数据规模为 1024×1024 下的信噪比

图 6-4 三种算法在不同网络规模下的信噪比

Figure 6-4 The SNR of three algorithms in different network sizes

上述实验结果表明：SSP算法对联合稀疏特性较明显的传感数据具有更高的重构精度和还原速率，重构精度高于联合稀疏重构算法SCoSaMP，还原速率高于单稀疏传感数据重构算法SP算法。

6.5 本章小结

本章描述了同步子空间追踪算法，针对无线传感器网络数据的联合稀疏特性，以联合稀疏特性为先验知识，计算支撑集并在其上选取最匹配的传感数据子矩阵，通过迭代逼近重构无线传感器网络中的感知数据。该算法基于联合稀疏模型与压缩感知理论，相比单重构算法，可通过更少的采样值实现原始传感数据的精确重构，提高传感数据还原速率。与SCoSaMP算法、SP算法在不同稀疏特性和不同采样率下相比较，具有较好的数据重构性能。

第 7 章　基于 Jacobi ADMM 的分布数据收集算法

7.1 算法概述

本章针对无线传感器网络中分布式数据收集问题，采用分布式压缩感知理论中的JSM1（Joint Sparse Model 1）模型，提出了一种基于Jacobi ADMM的分布式数据收集算法[155]。该算法通过在簇头节点间交换公共信息以挖掘关联数据集的公共部分，并在各个簇头节点内部更新各自的独立部分，从而实现无线传感网中相关感知数据的分布式压缩收集与重构。同时，为了能够有效地解决分布式计算过程中产生的不收敛问题，在优化目标函数中引入了近似项，从而使得子优化问题具有严格凸性，并利用交替方向乘子法求解压缩感知数据的重构问题。实验结果表明，与现有其他数据重构算法相比，基于Jacobi ADMM的分布式压缩感知数据重构算法具有更高的数据重构精度。

7.2 相关工作

7.2.1 分布式压缩感知理论

在利用经典的压缩感知理论对原始信号 $\boldsymbol{f} \in \mathbf{R}^n$ 进行压缩时，整个投影压缩过程可以抽象为：

$$y = \boldsymbol{\Phi} f + e \tag{7-1}$$

其中 $\boldsymbol{y} \in \mathbf{R}^m$ 为测量信号，$\boldsymbol{\Phi} \in \mathbf{R}^{m \times n}$ 为观测矩阵，$\boldsymbol{e} \in \mathbf{R}^m$ 为测量过程中的噪声。由于原始信号一般具有稀疏性，可利用特定的变化基 $\boldsymbol{\Psi} \in \mathbf{R}^{n \times n}$ 稀疏化，因此，投影压缩过程（7-1）可转换为：

$$\boldsymbol{y} = \boldsymbol{A}\boldsymbol{x} + \boldsymbol{e} \tag{7-2}$$

其中 $\boldsymbol{A} = \boldsymbol{\Phi}\boldsymbol{\Psi} \in \mathbf{R}^{m \times n}$ 为感知矩阵，$\boldsymbol{x} \in \mathbf{R}^n$ 为稀疏向量。由于m远小于n，利用简单的投影运算即可实现数据的压缩操作，非常适用于各项资源受限的无线传感器节点。

由测量信号$\boldsymbol{y}$重构原始信号$\boldsymbol{f}$可通过求解如下l_0最小化问题：

$$\begin{aligned} &\min_{\boldsymbol{x}} \|\boldsymbol{x}\|_0 \\ &\text{s.t.} \ \ \|\boldsymbol{A}\boldsymbol{x} - \boldsymbol{y}\|_2 \leqslant \varepsilon \end{aligned} \tag{7-3}$$

随后再利用变化基$\boldsymbol{\Psi}$ 将$\boldsymbol{x}$还原至原始空间得到，其中 $\varepsilon > 0$ 为重构误差。由于优化问题（7-3）为NP难问题[156]，通常将其松弛为如下l_1最小化问题进行求解：

$$\begin{aligned} &\min_{\boldsymbol{x}} \|\boldsymbol{x}\|_1 \\ &\text{s.t.} \ \ \|\boldsymbol{A}\boldsymbol{x} - \boldsymbol{y}\|_2 \leqslant \varepsilon \end{aligned} \tag{7-4}$$

分布式压缩感知理论针对经典的压缩感知理论进行了扩展，把对单个信号的压缩采样扩展到了对信号群的压缩采样，通过利用信号之间的互相关性和内相关性来实现对多个压缩信号的联合稀疏重构。无线传感网采集的监测数据符合分布式压缩感知理论中的JSM 1模型[157]。因此，可将第i个节点对应的稀疏信号 $\boldsymbol{x}_i \in \mathbf{R}^n$ 分解为公共部分 $z_{c,i} \in \mathbf{R}^n$ 和个体部分 $z_i \in \mathbf{R}^n$：

$$\boldsymbol{x}_i = z_{c,i} + z_i . \tag{7-5}$$

由于公共部分为所有节点所共有，即 $z_{c,1} = z_{c,2} = \cdots = z_{c,n}$，因此可将该式表示为：

$$[z_{c,1} \ \ \cdots \ \ z_{c,n}] \begin{bmatrix} -1 & 1 & & \\ & -1 & & \\ & & \ddots & 1 \\ 1 & & & -1 \end{bmatrix} = \begin{bmatrix} 0 & & & \\ & 0 & & \\ & & \ddots & \\ & & & 0 \end{bmatrix} \tag{7-6}$$

令 $\boldsymbol{Z}_c=[\boldsymbol{z}_{c,1} \quad \cdots \quad \boldsymbol{z}_{c,n}]$，$\boldsymbol{B}=\begin{bmatrix} -1 & 1 & & \\ & -1 & & \\ & & \ddots & 1 \\ 1 & & & -1 \end{bmatrix}$，则在分布式压缩感知中$l_1$最小化问题（7-4）可表示成：

$$\begin{aligned} &\min_{\boldsymbol{z}_{c,i},\boldsymbol{z}_i} \sum_{i=1}^{n} \left\| \boldsymbol{z}_{c,i} + \boldsymbol{z}_i \right\|_1 \\ &\text{s.t.} \ \left\| \boldsymbol{A}_i\left(\boldsymbol{z}_{c,i} + \boldsymbol{z}_i\right) - \boldsymbol{y}_i \right\|_2 \leqslant \varepsilon_i \\ &\quad\ \ \boldsymbol{Z}_c\boldsymbol{B} = 0 \end{aligned} \tag{7-7}$$

7.2.2 ADMM算法

ADMM算法主要用于求解多变量优化问题，具有处理通用性强、处理速度快、收敛性能好等优点，目前已被广泛应用于大规模分布式网络系统的优化计算领域[158]。ADMM算法解决问题的一般形式为：

$$\begin{aligned} &\min f\left(\boldsymbol{x}\right) + g\left(\boldsymbol{z}\right) \\ &\text{s.t.} \ \boldsymbol{A}\boldsymbol{x} + \boldsymbol{B}\boldsymbol{z} = \boldsymbol{c} \end{aligned} \tag{7-8}$$

其中，$\boldsymbol{x}\in\mathbf{R}^n$，$\boldsymbol{z}\in\mathbf{R}^m$，$\boldsymbol{A}\in\mathbf{R}^{p\times n}$，$\boldsymbol{B}\in\mathbf{R}^{p\times m}$，$\boldsymbol{c}\in\mathbf{R}^p$。该算法的核心思想就是通过把优化问题（7-8）分解为多个相关联的子问题，然后对这些子问题进行迭代求解，具体的迭代步骤为：

$$\begin{aligned} &\boldsymbol{x}^{(k+1)} = \arg\min_{\boldsymbol{x}} f\left(\boldsymbol{x}\right) + \frac{\rho}{2}\left\| \boldsymbol{A}\boldsymbol{x} + \boldsymbol{B}\boldsymbol{z}^{(k)} - \boldsymbol{c} + \boldsymbol{u}^{(k)} \right\|_2^2 \\ &\boldsymbol{z}^{(k+1)} = \arg\min_{\boldsymbol{z}} g\left(\boldsymbol{z}\right) + \frac{\rho}{2}\left\| \boldsymbol{A}\boldsymbol{x}^{(k+1)} + \boldsymbol{B}\boldsymbol{z} - \boldsymbol{c} + \boldsymbol{u}^{(k)} \right\|_2^2 \\ &\boldsymbol{u}^{(k+1)} = \boldsymbol{u}^{(k)} + \left(\boldsymbol{A}\boldsymbol{x}^{(k+1)} + \boldsymbol{B}\boldsymbol{z}^{(k+1)} - \boldsymbol{c}\right) \end{aligned} \tag{7-9}$$

其中，ρ 为惩罚参数，u为拉格朗日乘子。

7.3　系统模型

本书提出的分布式数据重构算法适用于层次结构的无线传感器网络，其系统模型如图7-1所示。

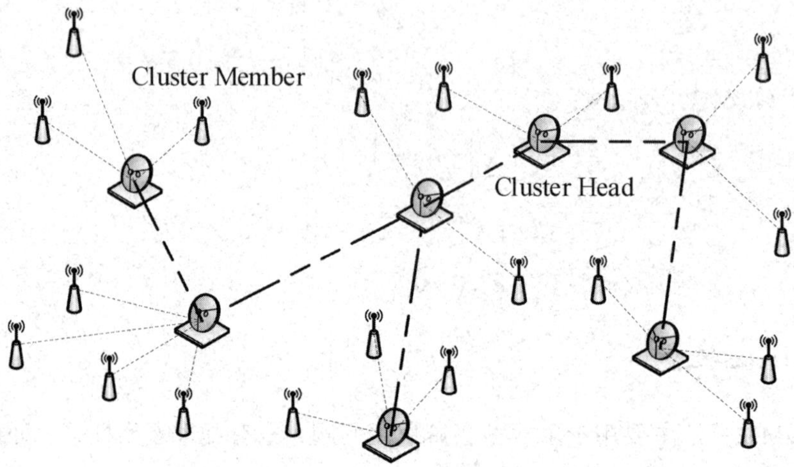

图 7-1 系统模型
Figure 7-1 The system model.

整个无线传感器网络由大量簇成员无线传感器节点和簇头节点构成。其中，簇成员节点在采集到感知数据后利用相应的测量矩阵进行投影压缩，并将压缩后的数据传输至各自的簇头节点[159]。簇头节点汇集本簇内的压缩数据后，运行本章所提出的分布式压缩数据重构算法，从而以分布式方式在无线传感器网络内实现压缩数据的重构操作。

7.4 算法描述

在无线传感器网络中，为求解分布式压缩数据重构问题（7-7），首先构造如下增广拉格朗日函数：

$$L(\boldsymbol{z}_{c,i},\boldsymbol{z}_i)=\sum_{i=1}^{n}\left(\left\|\boldsymbol{z}_{c,i}\right\|_1+\left\|\boldsymbol{z}_i\right\|_1+\frac{\mu}{2}\left\|\boldsymbol{y}_i-\boldsymbol{A}_i\left(\boldsymbol{z}_{c,i}+\boldsymbol{z}_i\right)\right\|_2^2\right)+\left\langle\boldsymbol{\alpha},\boldsymbol{Z}_c\boldsymbol{B}\right\rangle+\frac{\gamma}{2}\left\|\boldsymbol{Z}_c\boldsymbol{B}\right\|_F^2 \quad (7\text{-}10)$$

其中$\boldsymbol{\alpha}\in\mathbf{R}^{n\times n}$为拉格朗日乘子，$\mu$和$\gamma$为惩罚参数。然而，文献[160]已证明在分布式计算环境中经典的ADMM算法当节点个数$n\geqslant3$时并不一定收敛。受文献

[161]的启发，在求解分布式压缩数据重构时引入近似项$\left\|\boldsymbol{z}_{c,i}-\boldsymbol{z}_{c,i}^{k}\right\|_{\boldsymbol{P}_i}^{2}\Big/2$，其中 $\boldsymbol{P}_i$ 为一个对称半正定矩阵，$\left\|\boldsymbol{z}_{c,i}\right\|_{\boldsymbol{P}_i}^{2}=\boldsymbol{z}_{c,i}{}^{\mathrm{T}}\boldsymbol{P}_i\boldsymbol{z}_{c,i}$。增广拉格朗日函数的子问题不是严格凸时，通过引入该近似项可使得相应的子问题具有严格凸性，不但使得子问题更易于求解，而且严格凸性还可确保子问题具有唯一最优解。

在基于Jacobi ADMM的分布式数据收集算法中，令$\boldsymbol{P}_i$为$-2\gamma\boldsymbol{I}$。于是，分布式压缩数据重构问题（7-7）可根据交替方向乘子法进行如下求解：

$$\begin{aligned}\boldsymbol{z}_{c,i}^{k+1}&=\underset{\boldsymbol{z}_{c,i}}{\arg\min}\left\|\boldsymbol{z}_{c,i}\right\|_1+\left\|\boldsymbol{z}_i\right\|_1+\frac{\mu}{2}\left\|\boldsymbol{y}_i-\boldsymbol{A}_i\left(\boldsymbol{z}_{c,i}+\boldsymbol{z}_i\right)\right\|_2^2+\frac{\gamma}{2}\left\|\boldsymbol{Z}_c\boldsymbol{B}+\frac{\alpha}{\gamma}\right\|_F^2+\frac{1}{2}\left\|\boldsymbol{z}_{c,i}-\boldsymbol{z}_{c,i}^{k}\right\|_{\boldsymbol{P}_i}^2\\&=\underset{\boldsymbol{z}_{c,i}}{\arg\min}\left\|\boldsymbol{z}_{c,i}\right\|_1+\frac{\mu}{2}\left\|\boldsymbol{y}_i-\boldsymbol{A}_i\left(\boldsymbol{z}_{c,i}+\boldsymbol{z}_i\right)\right\|_2^2+\gamma\left(2\boldsymbol{z}_{c,i}^{k}-\boldsymbol{z}_{c,i-1}^{k}-\boldsymbol{z}_{c,i+1}^{k}+\left(\boldsymbol{\alpha}_{i+1}-\boldsymbol{\alpha}_i\right)/\gamma\right)\boldsymbol{z}_{c,i}\end{aligned}\tag{7-11}$$

$$\boldsymbol{z}_i^{k+1}=\underset{\boldsymbol{z}_i}{\arg\min}\left\|\boldsymbol{z}_i\right\|_1+\frac{\mu}{2}\left\|\boldsymbol{y}_i-\boldsymbol{A}_i\left(\boldsymbol{z}_{c,i}+\boldsymbol{z}_i\right)\right\|_2^2\tag{7-12}$$

$$\boldsymbol{\alpha}^{k+1}=\boldsymbol{\alpha}^{k}+\nu\gamma\left(\boldsymbol{Z}_c\boldsymbol{B}\right)\tag{7-13}$$

其中，ν 为惩罚参数。通过求解子问题（7-11）和（7-12），即可在簇头节点中重构出无线传感器网络中的感知数据。

基于Jacobi ADMM的分布式压缩数据重构算法的伪代码如算法7-1所示。其中，$\boldsymbol{y}$为采样信号，*res*表示在重构过程中产生的残差，$\boldsymbol{A}$为感知矩阵，α 为拉格朗日乘子，μ、γ和ν 为惩罚参数，$z_{c,i}$为公共稀疏部分，z_i为个体稀疏部分，$\Omega_{c,i}$ 为各簇头节点在本地迭代过程中选取的序列号集合作为其支撑集，Ω' 表示整个网络中的公共部分的支撑集，K表示稀疏度，k_{th}为内层迭代次数阈值，l_{th}为外层迭代次数阈值，r为残差阈值，$\boldsymbol{x}$表示重构出的稀疏信号。该算法通过迭代更新数据的公共部分和个体部分进行求解，在执行时首先初始化参数，将公共部分$\boldsymbol{z}_{c,i}$和个体部分$\boldsymbol{z}_i$初始化为随机稀疏向量。算法主体由内层循环和外层循环两部分构成，内层循环在计算得到公共部分$z_{c,i}$后通过与邻居簇头节点交换信息，从而更加精确地提取信号群的公共部分。外层循环在获得公共部分$\boldsymbol{z}_{c,i}$的基础上计算个体部分$\boldsymbol{z}_i$，进而获得所需重构的感知数据。

算法 7-1：基于 Jacobi ADMM 的分布式压缩数据重构算法
Algorithm 7-1: The distributed data reconstruction algorithm based on Jacobi ADMM

输入：感知矩阵$\boldsymbol{A}_i$，测量信号$\boldsymbol{y}_i$。

输出：稀疏信号$\boldsymbol{x}_i$。

初始化：拉格朗日乘子α，惩罚参数μ、γ和ν；公共部分$z_{c,i}$=0；个体部分z_i=0；

内层迭代次数阈值k_{th}；外层迭代次数阈值l_{th}；残差阈值r。

While $l<l_{th} \wedge \left\|res_i^{k+1}-res_i^k\right\|_2>r$：

  While $k<k_{th}$：

    求解子问题（7-11）得到$\boldsymbol{z}_{c,i}^{k+1}$。

    计算$\boldsymbol{z}_{c,i}^{k+1}$的支撑集$\Omega_{c,i}$。

    簇头节点i与邻居簇头节点j交换公共部分$\boldsymbol{z}_{c,i}^{k+1}$和$\boldsymbol{z}_{c,j}^{k+1}$。

    更新支撑集$\Omega_{c,i}=\Omega_{c,i}\cap\Omega_{c,j}$。

    将$\boldsymbol{z}_{c,i}^{k+1}$中支撑集外元素置零，即$\boldsymbol{z}_{c,i}^{k+1}\left(\Omega_{c,i}^c\right)=0$。

    根据式（7-13）更新α。

    $k=k+1$。

  End

  求解子问题（7-12），更新独立部分z_i。

  根据式$\boldsymbol{x}_i=\boldsymbol{z}_{c,i}+\boldsymbol{z}_i$计算原始信号$\boldsymbol{x}_i^{k+1}$以及迭代误差$res_i^{k+1}=\left\|\boldsymbol{x}_i^{k+1}-\boldsymbol{x}_i^k\right\|_2$。

  $l=l+1$。

End

在求解子问题（7-11）和（7-12）时，可使用定点连续（Fixed Point Continuation，FPC）算法[162]，其适用于求解形如$\min\|\boldsymbol{x}\|_1+f(\boldsymbol{x})$的$l_1$最小化问题，其中$f(\boldsymbol{x})$为可微凸函数。该算法通过设置内层迭代次数阈值$k_{th}$、外层迭代次数阈值$l_{th}$和残差阈值$r$来控制循环的执行。

该算法在迭代过程中使用了下述软阈值算子：

$$\operatorname{shrink}(t,\alpha)=\begin{cases}t-\alpha, & t>\alpha\\0, & -\alpha\leqslant t\leqslant\alpha\\t+\alpha, & t<-\alpha\end{cases} \tag{7-14}$$

在每次迭代时，计算

$$\boldsymbol{x}_i^{k+1}=\operatorname{shrink}\left(\boldsymbol{x}^k-\boldsymbol{\tau\Phi}^T\left(\boldsymbol{y}-\boldsymbol{\Phi x}^k\right)_i,\boldsymbol{\mu\tau}\right) \tag{7-15}$$

定点连续算法的伪代码如算法7-2所示。

算法 7-2：定点连续算法
Algorithm 7-2: The fixed point continuation algorithm

输入：测量矩阵$\boldsymbol{\Phi}$，测量信号$\boldsymbol{y}$，惩罚参数μ。

输出：重构信号 $\hat{\boldsymbol{x}}$。

初始化：$\hat{\boldsymbol{x}}^0=0$；$\boldsymbol{r}=\boldsymbol{y}$；$k=0$。

当不满足循环条件时迭代：

$k=k+1$。

$\boldsymbol{x}\leftarrow\hat{\boldsymbol{x}}-\boldsymbol{\tau\Phi}^{\mathrm{T}}\left(\boldsymbol{y}-\boldsymbol{\Phi r}\right)$。

$\hat{\boldsymbol{x}}\leftarrow\mathrm{shrink}\left(\boldsymbol{x},\mu\tau\right)$。

$\boldsymbol{x}\leftarrow\boldsymbol{y}-\boldsymbol{\Phi}\hat{\boldsymbol{x}}$。

7.5 实验分析

为了验证本书所提出的算法在无线传感器网络中的数据重构性能，本节分别利用合成数据集和真实数据集进行实验验证。其中，合成数据集由Matlab软件仿真合成，真实数据集选用了黑河流域中游生态水文数据集[163]和City Pulse空气污染物数据集[164]。在衡量算法性能时，使用相对均方误差（Relative Mean Square Error，RMSE）进行度量，其定义为：

$$RMSE=\frac{\sum_{i=1}^{n}\left\|\hat{\boldsymbol{x}}_i-\boldsymbol{x}_i\right\|_2}{\sum_{i=1}^{n}\left\|\boldsymbol{x}_i\right\|_2} \tag{7-16}$$

其中，$\boldsymbol{x}_i$ 和 $\hat{\boldsymbol{x}}_i$ 分别表示原始信号和重构信号。在实验分析过程中所对比的数据重构算法包括：

（1）分布式重构算法。该算法属于分布式数据重构算法，通过将数据分解成公共部分和个体部分，利用ADMM算法进行迭代重构。

（2）分布式贝叶斯算法。该算法属于分布式数据重构算法，通过将数据分解成公共部分和个体部分，利用变分贝叶斯推断进行迭代重构。

（3）SSP算法。该算法属于集中式数据重构算法，利用相同的稀疏基，通过改进子空间追踪贪婪算法进行迭代重构。

（4）SCoSaMP算法。该算法属于集中式数据重构算法，利用相同的稀疏基，通过改进压缩采样匹配追踪贪婪算法进行迭代重构。

7.5.1 合成数据实验

在生成合成数据集时，首先随机生成$m\times n$的高斯矩阵作为测量矩阵$\boldsymbol{A}_i$，然后从中随机挑选k个小于n的索引并随机生成稀疏信号$\boldsymbol{x}_i$，最后利用投影运算$\boldsymbol{y}_i=\boldsymbol{A}_i\boldsymbol{x}_i+\boldsymbol{e}_i$生成测量信号$\boldsymbol{y}_i$，其中$\boldsymbol{e}_i$为高斯随机噪声。

图7-2展示了在采样率m/n为40%、稀疏度k=0.05n的条件下，本章算法与其余四种算法的数据重构性能比较。从图中可以看出本章算法具有最高的数据重构精度。同时，所有压缩数据重构算法的重构误差都随着观测信号长度m的增加而降低，并逐渐趋于稳定。另外，所有将数据分解成公共部分和个体部分的分布式算法在数据重构精度方面均优于基于贪婪思想的集中式算法。

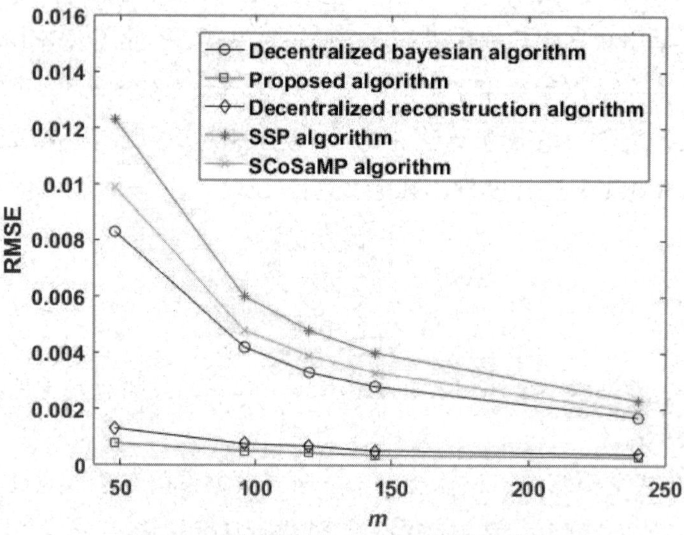

图 7-2 观测信号长度 m 对重构性能的影响

Figure 7-2 The influence of m on the data reconstruction accuracy

图7-3展示了稀疏信号群中个体部分数量对五种数据重构算法的数据重构精度的影响。实验中的参数为m=96，n=240，k=15。从图中可以看出本章算法

依然具有最高的数据重构精度。同时，所有压缩数据重构算法的重构误差都随着个体部分数量的增加而降低。显然，信号群中的信号越相似，重构算法重构时越容易，因此重构精度也就越高。另外，从图7-3中还可以看出，信号群中个体部分数量对分布式算法的影响较大，而对基于贪婪思想的集中式算法影响较小。

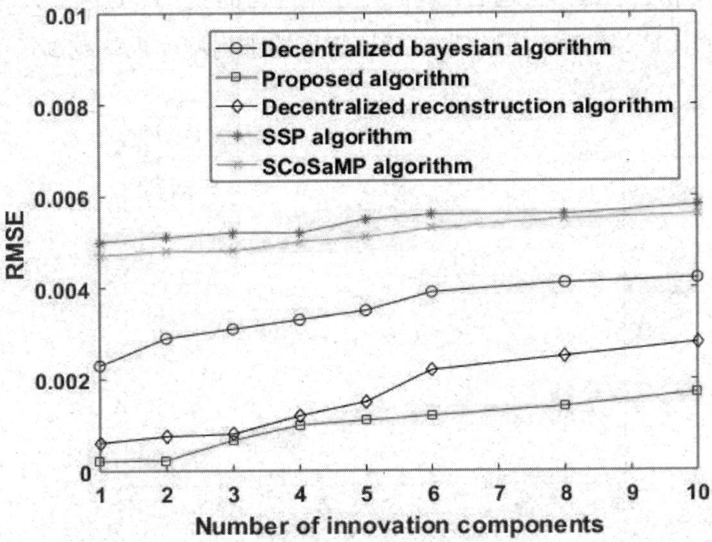

图 7-3　个体部分数量对重构性能的影响

Figure 7-3 The influence of innovation components on the data reconstruction accuracy

表7-1展示了五种压缩数据重构算法在不同簇头节点数量N和观测信号长度m条件下的相对均方误差。从表中可以看出，本章算法具有最高的数据重构精度。同时，所有算法的数据重构误差都随着簇头节点数量N和观测信号长度m的增加而降低。但是，簇头节点数量N的变化对数据重构误差的影响不显著。

表 7-1　簇头节点数与观测信号长度对数据重构精度的影响

Table 7-1 The influence of N and m on the data reconstruction accuracy.

	N=20 m=48	N=20 m=96	N=20 m=120	N=50 m=48	N=50 m=96	N=50 m=120
本章算法	**0.00078**	**0.00051**	**0.00044**	**0.00077**	**0.00050**	**0.00043**
分布式重构算法	0.0019	0.00078	0.00070	0.0013	0.00076	0.00068
分布式贝叶斯算法	0.0085	0.0050	0.0041	0.0083	0.0042	0.0033
SSP算法	0.0129	0.0051	0.0049	0.0123	0.0060	0.0048
SCoSaMP算法	0.0108	0.0049	0.0040	0.0099	0.0048	0.0039

图7-4和图7-5分别展示了本章算法在与图7-3相同的实验参数条件下，稀疏度k和通信簇头数量c对数据重构精度的影响。从图中可以看出，本章算法的数据重构误差随着稀疏度k的增加而逐渐升高，随着通信簇头数量c的增加而逐渐降低。显然，信号的稀疏度越高，数据重构算法的重构难度越大，因此本章算法的数据重构精度也就相应越低。同时，互相通信的簇头节点越多，对信号群中公共部分的计算越精确，因此本章算法的数据重构精度也就越高。

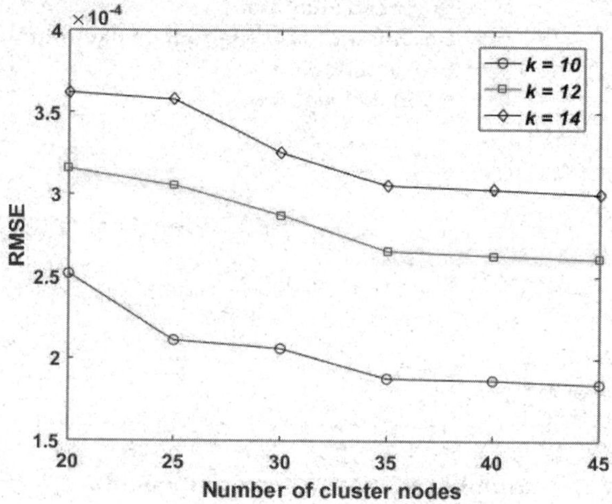

图 7-4 稀疏度 k 对重构性能的影响

Figure 7-4 The influence of k on the data reconstruction accuracy

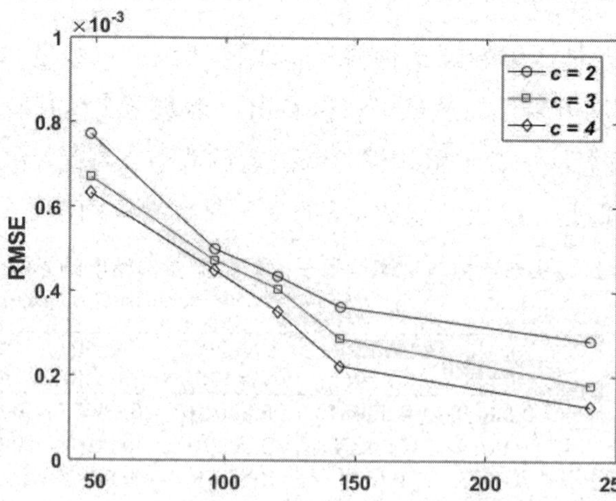

图 7-5 通信簇头数量 c 对重构性能的影响

Figure 7-5 The influence of c on the data reconstruction accuracy

7.5.2 真实数据实验

在真实数据集实验中，首先基于黑河流域中游生态水文数据集对比本章算法与其余四种数据重构算法的数据重构性能。实验中使用了离散小波变换基对原始数据进行稀疏表示，实验参数为n=128，μ=16，γ=0.5，N=35。图7-6展示了五种算法在该数据集上的数据重构误差。从图中可以看出，本章算法具有最高的数据重构精度。同时，所有压缩数据重构算法的重构误差都随着采样率的增加而降低。显然，采样率越高，数据重构算法的重构难度越低，因此数据重构的误差也就相应越低。

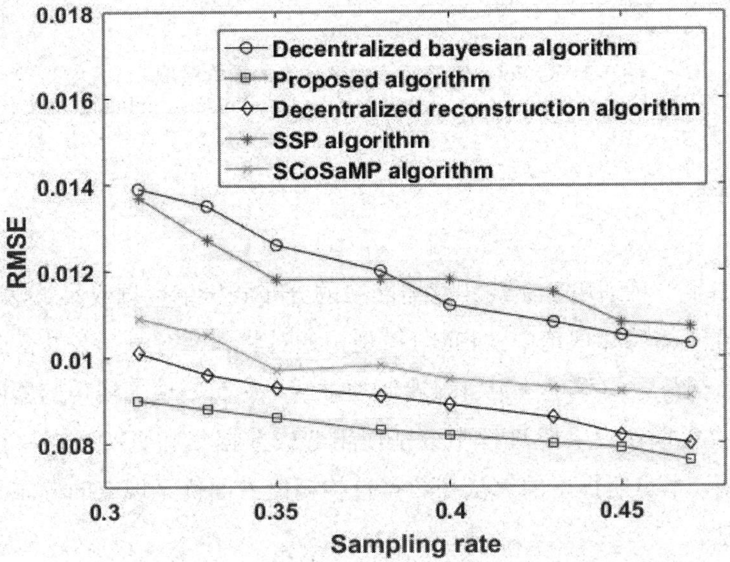

图 7-6 黑河流域中游生态水文数据集的重构精度

Figure 7-6 The Data reconstruction accuracy of the ecological hydrological dataset in the middle reaches of the Heihe river

图7-7展示了所有压缩数据重构算法在City Pulse空气污染物数据集上的数据重构误差，其中选用了NO_2浓度数据，除簇头节点数量N取值修改为25外其余实验参数保持与之前一致。基于该数据集的实验结论与基于黑河流域中游生态水文数据集的结论一致，本章算法依然展现出最高的数据重构性能。

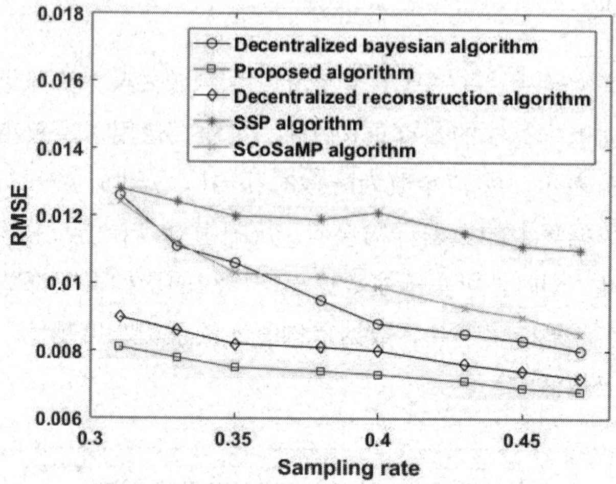

图 7-7 City Pulse 空气污染物数据集的重构精度
Figure 7-7 The Data reconstruction accuracy of the City Pulse air pollutant dataset

7.6 本章小结

本章提出了一种适用于无线传感器网络的分布式压缩数据收集算法。该算法采用分布式压缩感知理论中的JSM 1模型，通过将信号分解为公共部分和个体部分，并在交替方向乘子法中引入近似项求解，从而实现无线传感器网络的分布式数据收集操作。实验过程中分别使用合成数据集和真实数据集进行验证。结果表明，本章所提出的算法在数据重构精度方面优于现有的分布式压缩数据重构算法。

第 8 章　基于矩阵补全的高效数据收集算法

8.1 算法概述

本章针对无线传感器网络中的数据收集问题，设计了一种基于矩阵补全的数据收集方案[165]。首先利用低秩矩阵分解模型将传感器节点的数据收集问题转换为两个相互关联的凸优化子问题，然后利用基于改进Kaczmarz迭代的矩阵补全算法循环交替求解凸优化子问题。在Kaczmarz迭代过程中，依据Johnson-Lindenstrauss引理对投影操作降维，从而提高了矩阵补全算法的计算速度。实验结果表明，与现有矩阵补全算法相比，本章所设计的矩阵补全算法在重构精度、成功重构概率以及重构时间等方面具有较优的重构性能。

8.2 相关工作

8.2.1 矩阵补全理论

矩阵补全理论可以看作是压缩感知理论的推广，即将一维稀疏向量重构问题推广至低秩矩阵的补全问题，目前已被广泛应用于机器学习、计算机视觉、推荐系统、信号处理等领域。矩阵补全的基本思想是基于矩阵的低秩特性，依据矩阵中已知的部分元素恢复矩阵中所有的未知元素。由于无线传感器网络中的感知数据集具有较强的时空关联特性，因此时空监测数据矩阵满足低秩特性，可利用矩阵补全算法实现监测数据矩阵中未知元素的重构。

对于低秩矩阵 $\boldsymbol{X}\in\mathbf{R}^{m\times n}$，矩阵补全理论依据部分已知元素来重构所有未知元素。该问题可以表述为以下优化问题

$$\begin{aligned}&\min_{\boldsymbol{X}}\ \operatorname{rank}(\boldsymbol{X})\\&\text{s.t.}\ \ \boldsymbol{B}\circ\boldsymbol{X}=\boldsymbol{Y}\end{aligned}\tag{8-1}$$

其中 $\boldsymbol{Y}\in\mathbf{R}^{m\times n}$ 为已知观测矩阵，$\boldsymbol{B}\in\mathbf{R}^{m\times n}$ 为投影矩阵，其定义为

$$B_{ij}=\begin{cases}1, & Y_{ij}\text{已知}\\0, & Y_{ij}\text{未知}\end{cases}\tag{8-2}$$

运算符 $\circ$ 表示矩阵逐元素相乘，即 $Y_{ij}=B_{ij}X_{ij}$。

由于矩阵的秩函数为非连续、非凸函数，直接求解优化问题式（8-1）较为困难。因此一般将秩函数rank($\boldsymbol{X}$)松弛为其凸包络函数 $\|\boldsymbol{X}\|_*$。此时，优化问题式（8-1）可松弛为：

$$\begin{aligned}&\min_{\boldsymbol{X}}\ \|\boldsymbol{X}\|_*\\&\text{s.t.}\ \ \boldsymbol{B}\circ\boldsymbol{X}=\boldsymbol{Y}\end{aligned}\tag{8-3}$$

Candes和Tao等人已证明当已知观测元素数量 $c\geqslant C\mu^2nr(\log n)^6$ 时，优化问题式（8-3）可以以不低于 $1-n^{-3}$ 的概率重构矩阵$\boldsymbol{X}$，其中C为常数，μ为不相关系数，r为矩阵的秩。

目前，学术界已涌现出许多不同类型的矩阵补全算法。Liu等人通过将优化问题式（8-3）转化为半正定规划问题，提出了一种基于内点法的矩阵补全算法[166]。然而，该算法的计算复杂度较高，求解速度较慢。Cai等人通过将优化问题式（8-1）正则化，提出了一种奇异值阈值（Singular Value Thresholding，SVT）算法[167]求解满足约束条件的低秩矩阵。与奇异值阈值算法类似，Ma等人联合使用不动点连续算法和Bregman迭代（Fixed Point Continuation with Bregman iterative method，FPCB）算法求解优化问题式（8-1）的另一种正则化表示形式[168]。Xu等人提出了一种通用的块坐标下降（Block Coordinate Descent，BCD）方法，用于求解矩阵或张量的补全问题。类似的代表性矩阵补全算法还包括分割Bregamn迭代矩阵恢复（Matrix recovery algorithm using Split Bregman，MSB）算法、迭代重加权无约束l_q（Iterative Reweighted unconstrainted l_q，IRuclq）算法、增量秩幂分解（Incremented Rank Power Factorization，IRPF）算法、随机Kaczmarz矩阵分解（Matrix Factorization algorithm based on Randomized Kaczmarz，MFRK）算法[169]等。

8.2.2 Kaczmarz迭代算法

Kaczmarz迭代算法是一种针对过采样线性等式系统设计的迭代型算法，适用于求解大规模线性等式系统。由于其具有使用简单、速度快、内存占用率低等优点，已被广泛应用于数字信号处理、医学成像等应用领域。在求解线性一致等式系统$\boldsymbol{Ax}=\boldsymbol{b}$时，Kaczmarz迭代算法循环遍历矩阵$\boldsymbol{A}$的所有行，并将当前迭代$x$投影至由矩阵$\boldsymbol{A}$中当前选择行所对应的超平面上，即：

$$\boldsymbol{x}^{(j+1)}=\boldsymbol{x}^{(j)}+\frac{b_i-\left\langle \boldsymbol{A}_i,\boldsymbol{x}^{(j)}\right\rangle}{\left\|\boldsymbol{A}_i\right\|_2^2}\boldsymbol{A}_i^{\mathrm{T}} \tag{8-4}$$

直至迭代结果收敛为止，其中$\boldsymbol{A}\in\mathbf{R}^{m\times n}$，$\boldsymbol{x}\in\mathbf{R}^n$，$\boldsymbol{b}\in\mathbf{R}^m$，$i=j\bmod m$。Kaczmarz迭代算法的几何解释如图8-1所示。图中$\boldsymbol{x}^{(0)}$为初始解，算法根据式（8-4）逐次循环迭代，最终将收敛至线性一致等式系统$\boldsymbol{Ax}=\boldsymbol{b}$的精确解。

最近，Strohmer等人提出了一种基于随机遍历的Kaczmarz迭代算法[170]。该算法在选择投影的超平面时，根据指定的概率分布进行选择，即将矩阵$\boldsymbol{A}$的第i行被选中的概率设置为$p(\boldsymbol{A}_i)=\|\boldsymbol{A}_i\|_2^2/\|\boldsymbol{A}\|_F^2$。Chen等人证明了该算法具有指数收敛率[171]，即：

$$E\left(\left\|\boldsymbol{x}^{(j)}-\boldsymbol{x}^*\right\|^2\right)\leqslant\left(1-\kappa(\boldsymbol{A})^{-2}\right)^j\left\|\boldsymbol{x}^{(0)}-\boldsymbol{x}^*\right\|^2 \tag{8-5}$$

其中$\kappa(\boldsymbol{A})=\|\boldsymbol{A}\|_F\left\|\boldsymbol{A}^{\dagger}\right\|_2$是矩阵$\boldsymbol{A}$的条件数，$\boldsymbol{x}^*$是线性一致等式系统$\boldsymbol{Ax}=\boldsymbol{b}$的精确解。

针对线性不一致等式系统$\boldsymbol{Ax}=\boldsymbol{b}+\boldsymbol{w}$，文献[172]同样证明了基于随机遍历的Kaczmarz迭代算法具有指数收敛率，即：

$$E\left(\left\|\boldsymbol{x}^{(j)}-\boldsymbol{x}^*\right\|^2\right)\leqslant\left(1-\kappa(\boldsymbol{A})^{-2}\right)^j\left\|\boldsymbol{x}^{(0)}-\boldsymbol{x}^*\right\|^2+\kappa(\boldsymbol{A})\max_i\left(\frac{\boldsymbol{w}_i}{\left\|\boldsymbol{A}_i\right\|_2}\right) \tag{8-6}$$

其中$\boldsymbol{w}$为误差向量或噪声向量。

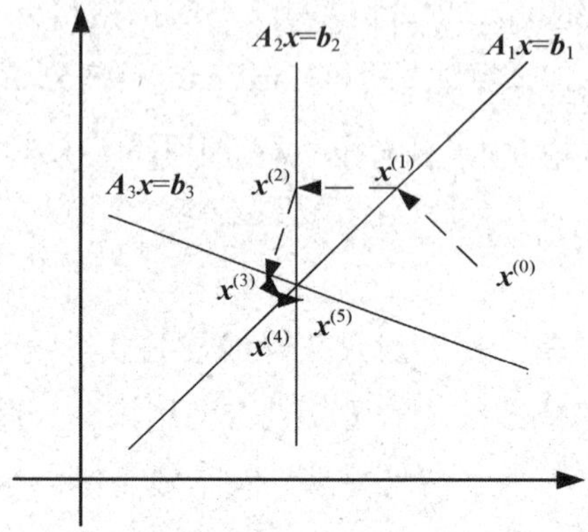

图 8-1 Kaczmarz 算法的几何解释
Figure 8-1 The geometric interpretation of Kaczmarz algorithm

8.3 系统模型

假设整个无线传感器网络由n个无线传感器节点和1个汇聚节点构成，每个无线传感器节点的采样周期为Δt，每个数据重构周期由m个采样周期构成。在每个数据重构周期内，无线传感器网络中第i个无线传感器节点的感知数据可构成向量$\boldsymbol{x}_i=\left[x_{i,\Delta t},x_{i,2\Delta t},\cdots,x_{i,m\Delta t}\right]^{\mathrm{T}}$，其中$x_{i,j\Delta t}$为第$i$个传感器节点在第$j$个采样周期所感知的监测数据。因此，整个无线传感器网络在该数据重构周期内的所有感知数据构成一个$m\times n$的感知矩阵$\boldsymbol{X}=\left[\boldsymbol{x}_1,\boldsymbol{x}_2,\cdots,\boldsymbol{x}_n\right]$。

为了降低无线传感器节点的能量消耗，每个传感器节点在一个数据重构周期内仅需采集部分感知数据，并将其传输至汇聚节点。与文献[173]类似，汇聚节点可以通过广播或者预设的方式将采样率分发给网络中的所有传感器节点。每个传感器节点即可根据该采样率随机选择在当前采样周期内是否需要采集感知数据并将其传输至汇聚节点。在每个数据重构周期结束后，汇聚节点根据接收到的感知数据集构造观测矩阵$\boldsymbol{Y}$和投影矩阵$\boldsymbol{B}$，首先将接收到的$\boldsymbol{x}_{i,j\Delta t}$填充至观测矩阵$\boldsymbol{Y}$的第$i$行第$j$列，然后将投影矩阵$\boldsymbol{B}$中相同位置上的元素至1。最后，运行改进的矩阵补全算法重构感知矩阵$\boldsymbol{X}$，补全所有未传输的感知数据。

8.4 改进的矩阵补全算法

8.4.1 矩阵分解模型

根据低秩矩阵分解模型[169]，优化问题式（8-3）中的矩阵$\boldsymbol{X}$可以分解成两个低秩矩阵$\boldsymbol{U} \in \mathbf{R}^{m\times r}$和$\boldsymbol{V} \in \mathbf{R}^{r\times n}$的乘积，即$\boldsymbol{X}=\boldsymbol{UV}$，其中$r$为矩阵$\boldsymbol{X}$的秩。因此，优化问题式（8-3）可以转换成

$$\min_{\boldsymbol{U},\boldsymbol{V}} \left\|\boldsymbol{Y} - \boldsymbol{B} \circ \left(\boldsymbol{UV}\right)\right\|_F^2 \tag{8-7}$$

通过分离优化变量$\boldsymbol{U}$和$\boldsymbol{V}$，优化问题式（8-7）可进一步转换成如下两个凸优化子问题：

$$\min_{\boldsymbol{U}} \sum_{i,j}\left(Y_{ij} - B_{ij}\left\langle \boldsymbol{U}_i, \boldsymbol{V}^j\right\rangle\right)^2 \tag{8-8}$$

$$\min_{\boldsymbol{V}} \sum_{i,j}\left(Y_{ij} - B_{ij}\left\langle \boldsymbol{U}_i, \boldsymbol{V}^j\right\rangle\right)^2 \tag{8-9}$$

此时，利用Kaczmarz迭代算法循环遍历矩阵$\boldsymbol{U}$的所有行，并将当前迭代$\boldsymbol{U}_i$投影至与矩阵$\boldsymbol{V}$中当前选择列所对应的超平面上，即可求解子优化问题式（8-8）。与之类似，利用Kaczmarz迭代算法循环遍历矩阵$\boldsymbol{V}$的所有列，并将当前迭代$\boldsymbol{V}^j$投影至与矩阵$\boldsymbol{U}$中当前选择行所对应的超平面上，即可求解子优化问题式（8-9）。本章通过循环交替求解子凸优化问题式（8-8）和式（8-9），即可由观测矩阵$\boldsymbol{Y}$的部分已知元素重构感知矩阵$\boldsymbol{X}$的所有未知元素。

8.4.2 矩阵补全算法

为了加快重构感知矩阵$\boldsymbol{X}$中未知元素的计算速度，本章设计了一种基于改进Kaczmarz迭代的矩阵补全算法。在利用Kaczmarz迭代求解凸优化子问题（8-8）和（8-9）的计算过程中，依据Johnson-Lindenstrauss引理可以对Kaczmarz迭代式（8-4）中的投影操作降维，从而提高矩阵补全算法的计算速度。

引理8-1（Johnson-Lindenstrauss引理[174]）　令$0<\delta<1$，S为n维欧几里得空间$\mathbf{R}^n$中的一个有限点集，则对于任意的整数$d \geqslant C\log|S|/\delta^2$，存在Lipshitz映射

$\boldsymbol{\Phi}:\mathbf{R}^n \to \mathbf{R}^d$ 满足：

$$(1-\delta)\leqslant\left\|\boldsymbol{\Phi}(s_i)-\boldsymbol{\Phi}(s_j)\right\|_2^2\Big/\left\|s_i-s_j\right\|_2^2\leqslant(1+\delta) \tag{8-10}$$

其中 $s_i,s_j\in S$，C是一个常数。

Johnson-Lindenstrauss引理指出，n维空间中的$|S|$个点可以嵌入到d维子空间中，同时保持原始空间中任意两点之间的几何关系近似不变。该引理的几何解释如图8-2所示。现有理论已证明高斯随机矩阵映射具有较高的概率满足式（8-10）。

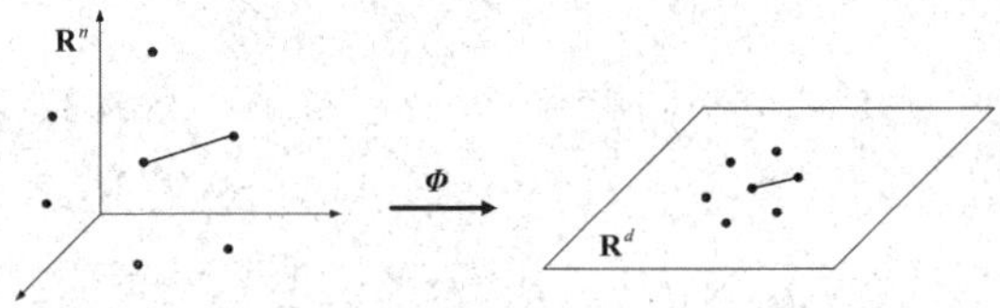

图 8-2 Johnson-Lindenstrauss 引理的几何解释

Figure 8-2 The geometric explanation of Johnson-Lindenstrauss lemma

基于改进Kaczmarz迭代的矩阵补全算法的伪代码如算法8-1所示。

算法 8-1：基于改进 Kaczmarz 迭代的矩阵补全算法

Algorithm 8-1: The improved Kaczmarz iteration based matrix completion algorithm

---

输入： $\boldsymbol{Y}\in\mathbf{R}^{m\times n}$，$\boldsymbol{U}\in\mathbf{R}^{m\times r}$，$\boldsymbol{V}\in\mathbf{R}^{r\times n}$，maxCount，$\varepsilon$。

输出： $\widehat{\boldsymbol{X}}=\boldsymbol{UV}$。

k=1。

While $k\leqslant$maxCount or obj(k - 1) - obj(k)$\geqslant\varepsilon$

  创建 $s\times r$ 高斯随机矩阵$\boldsymbol{\Phi}$。

  依据概率$\left\|\boldsymbol{V}^j\right\|_2^2\Big/\left\|\boldsymbol{V}\right\|_F^2$随机选取$\boldsymbol{V}$中的$r$列构造子矩阵$\widehat{\boldsymbol{V}}$。

  $\boldsymbol{A}=\boldsymbol{\Phi}\widehat{\boldsymbol{V}}$。

  For i=1 to m

    For j=1 to r

      $\gamma_j=\left|Y_{ij}-\left\langle\boldsymbol{U}_i\boldsymbol{\Phi}^{\mathrm{T}},\boldsymbol{A}^j\right\rangle\right|\Big/\left\|\boldsymbol{A}^j\right\|_2$。

    End

    $p=\arg\max\limits_{j\in\{1,\cdots,r\}}\gamma_j$。

    $\gamma_p=\left|Y_{ip}-\left\langle\boldsymbol{U}_i,\widehat{\boldsymbol{V}}^p\right\rangle\right|\Big/\left\|\widehat{\boldsymbol{V}}^p\right\|_2$。

随机选择V中的列V^l，计算$\gamma_l = \left|Y_{il} - \left\langle \boldsymbol{U}_i, \boldsymbol{V}^l \right\rangle\right| / \left\|\boldsymbol{V}^l\right\|_2$。

If $\gamma_l > \gamma_p$

$\boldsymbol{U}_i = \boldsymbol{U}_i + \left(\left(Y_{il} - \left\langle \boldsymbol{U}_i, \boldsymbol{V}^l \right\rangle\right) / \left\|\boldsymbol{V}^l\right\|_2^2\right)\left(\boldsymbol{V}^l\right)^{\mathrm{T}}$。

Else

$\boldsymbol{U}_i = \boldsymbol{U}_i + \left(\left(Y_{ip} - \left\langle \boldsymbol{U}_i, \widehat{\boldsymbol{V}}^p \right\rangle\right) / \left\|\widehat{\boldsymbol{V}}^p\right\|_2^2\right)\left(\widehat{\boldsymbol{V}}^p\right)^{\mathrm{T}}$。

End

End

创建$t \times r$高斯随机矩阵$\boldsymbol{\Psi}$。

依据概率$\left\|\boldsymbol{U}_i\right\|_2^2 / \left\|\boldsymbol{U}\right\|_F^2$随机选取$U$中的$r$行构造子矩阵$\widehat{\boldsymbol{U}}$。

$\boldsymbol{B} = \boldsymbol{\Psi}\widehat{\boldsymbol{U}}^{\mathrm{T}}$。

For j=1 to n

For i=1 to r

$\gamma_i = \left|Y_{ij} - \left\langle \left(\boldsymbol{B}^i\right)^{\mathrm{T}}, \boldsymbol{\Psi}\boldsymbol{V}^j \right\rangle\right| / \left\|\boldsymbol{B}^i\right\|_2$。

End

$q = \arg\max_{i \in \{1,\cdots,r\}} \gamma_i$。

$\gamma_q = \left|Y_{qj} - \left\langle \widehat{\boldsymbol{U}}_q, \boldsymbol{V}^j \right\rangle\right| / \left\|\widehat{\boldsymbol{U}}_q\right\|_2$。

随机选择$\boldsymbol{U}$中的行$\boldsymbol{U}_l$，计算$\gamma_l = \left|Y_{lj} - \left\langle \boldsymbol{U}_l, \boldsymbol{V}^j \right\rangle\right| / \left\|\boldsymbol{U}_l\right\|_2$。

If $\gamma_l > \gamma_q$

$\boldsymbol{V}^j = \boldsymbol{V}^j + \left(\left(Y_{lj} - \left\langle \boldsymbol{U}_l, \boldsymbol{V}^j \right\rangle\right) / \left\|\boldsymbol{U}_l\right\|_2^2\right)\left(\boldsymbol{U}_l\right)^{\mathrm{T}}$。

Else

$\boldsymbol{V}^j = \boldsymbol{V}^j + \left(\left(Y_{qj} - \left\langle \widehat{\boldsymbol{U}}_q, \boldsymbol{V}^j \right\rangle\right) / \left\|\widehat{\boldsymbol{U}}_q\right\|_2^2\right)\left(\widehat{\boldsymbol{U}}_q\right)^{\mathrm{T}}$。

End

End

k=k+1。

End

上述算法共循环执行maxCount次，当连续两次循环的优化目标式（8-7）之差低于预设阈值ε时算法亦可提前结束。算法交替求解子优化问题式（8-8）（第3行～第17行）和子优化问题式（8-9）（第18行～第33行）。

在求解子优化问题式（8-8）时，首先创建$s\times r$的高斯随机矩阵$\boldsymbol{\Phi}$，用于实现后续Kaczmarz迭代中投影操作的降维运算，其中$s=\log(r)$，并依据矩阵$\boldsymbol{V}$中每列的大小随机选取r列构造子矩阵$\widehat{\boldsymbol{V}}$。然后，对U的每行进行循环，选取矩阵$\boldsymbol{V}$中与当前行$\boldsymbol{U}_i$最匹配的列进行投影。

由引理8-1可知，$\left(\boldsymbol{\Phi}\boldsymbol{U}_i^{\mathrm{T}}\right)^{\mathrm{T}}$与$\boldsymbol{\Phi}\widehat{\boldsymbol{V}}^j$的内积和$\boldsymbol{U}_i$与$\widehat{\boldsymbol{V}}^j$的内积近似，因此算法可在降维后的子空间中选取与$\boldsymbol{U}_i$最匹配的列$\widehat{\boldsymbol{V}}^p$，其中$p=\arg\max\limits_j\left|\boldsymbol{Y}_{ij}-\left\langle\boldsymbol{U}_i\boldsymbol{\Phi}^{\mathrm{T}},\boldsymbol{\Phi}\widehat{\boldsymbol{V}}^j\right\rangle\right|\Big/\left\|\boldsymbol{\Phi}\widehat{\boldsymbol{V}}^j\right\|_2$。为了确保列选取的最优性，算法随机选取矩阵$\boldsymbol{V}$中的一列$\boldsymbol{V}^l$对$\widehat{\boldsymbol{V}}^p$进行验证，并保留$\widehat{\boldsymbol{V}}^p$和$\boldsymbol{V}^l$两者中与当前行$\boldsymbol{U}_i$最匹配的列进行投影运算。

子优化问题式（8-9）的求解方法与上述过程类似。首先创建$t\times r$的高斯随机矩阵$\boldsymbol{\Psi}$，其中$t=\log(r)$，并依据矩阵U中每行的大小随机选取r行构造子矩阵$\widehat{\boldsymbol{U}}$。然后，对矩阵V的每列进行循环，选取矩阵U中与当前列$\boldsymbol{V}^j$最匹配的行$\widehat{\boldsymbol{U}}_q$进行投影，其中$q=\arg\max\limits_i\left|Y_{ij}-\left\langle\widehat{\boldsymbol{U}}_i\boldsymbol{\Psi}^{\mathrm{T}},\boldsymbol{\Psi}\boldsymbol{V}^j\right\rangle\right|\Big/\left\|\widehat{\boldsymbol{U}}_i\boldsymbol{\Psi}^{\mathrm{T}}\right\|_2$。同时，为了确保行选取的最优性，随机选取$\boldsymbol{U}$中的一行$\boldsymbol{U}_l$进行验证，并保留$\widehat{\boldsymbol{U}}_q$和$\boldsymbol{U}_l$两者中与当前列$\boldsymbol{V}^j$最匹配的行进行投影运算。

循环结束后，将迭代结果$\boldsymbol{U}$和$\boldsymbol{V}$相乘即可得到重构感知矩阵$\widehat{\boldsymbol{X}}$。在算法8-1中，最外层循环最多执行k次。在迭代求解子优化问题式（8-8）时，需要执行mr次循环。在迭代求解子优化问题式（8-9）时，需要执行nr次循环。综合上述结果可知，算法8-1的计算复杂度为$O(kr\max(m,n))$。而MKFC算法[169]的计算复杂度为$O(kmn)$，因此本算法由于进行了降维操作，在计算速度上优于MKFC算法。

8.5 实验分析

本节分别利用合成数据集和真实数据集测试前文中所提出的基于改进Kaczmarz迭代的矩阵补全算法的性能。为了方便描述，将该算法简称为IKMC（Improved Kaczmarz iteration based Matrix Completion）算法。通过与SVT算法[167]、

FPCB算法[168]以及MFRK算法[169]进行比较，评测IKMC算法在重构精度、成功重构概率、重构时间等方面的性能。仿真实验使用MATLAB软件，每次实验重复运行100次后取平均值作为该项实验的计算结果。

合成数据集的生成方式与文献[169]一致，首先乘以两个低秩高斯随机矩阵$\boldsymbol{U}$和$\boldsymbol{V}$得到矩阵$\boldsymbol{X}$，然后正则化$\boldsymbol{X}$的行并将每行乘以一个(0,1)之间服从均匀分布的随机数。矩阵$\boldsymbol{X}$的所有行可以看作是n维空间中一组具有不同方向、不同大小的向量。在生成观测矩阵$\boldsymbol{Y}$时，根据采样率s随机选取矩阵$\boldsymbol{X}$中的元素并将其填充至矩阵$\boldsymbol{Y}$中相应的位置上，同时将$\boldsymbol{Y}$中其余的元素置0。合成数据集实验中的默认参数设置为：感知矩阵$\boldsymbol{X}$的行数m=250，列数n=250，秩r=30，采样率s=30%，成功重构阈值δ=0.01，算法终止阈值ε=0.0001。

矩阵补全算法的重构精度可用归一化均方误差$\eta = \left\| \boldsymbol{X} - \widehat{\boldsymbol{X}} \right\|_F \Big/ \left\| \boldsymbol{X} \right\|_F$来衡量。显然，该误差与矩阵补全算法的重构精度成反比。图 8-3 展示了 IKMC 算法、SVT 算法、FPCB 算法、MFRK 算法在不同秩、采样率以及矩阵大小条件下的重构精度。从图中可以看出，IKMC 算法具有最高的重构精度，并且以上四种算法的重构精度随着矩阵秩的增加而降低，随着采样率和矩阵大小的增加而升高。产生上述现象的原因在于矩阵补全的复杂程度与矩阵的秩成正比，与采样率和矩阵大小成反比。即矩阵的秩越高，补全感知矩阵中的未知元素越困难；矩阵的采样率越高、矩阵越大，补全感知矩阵中的未知元素越容易。

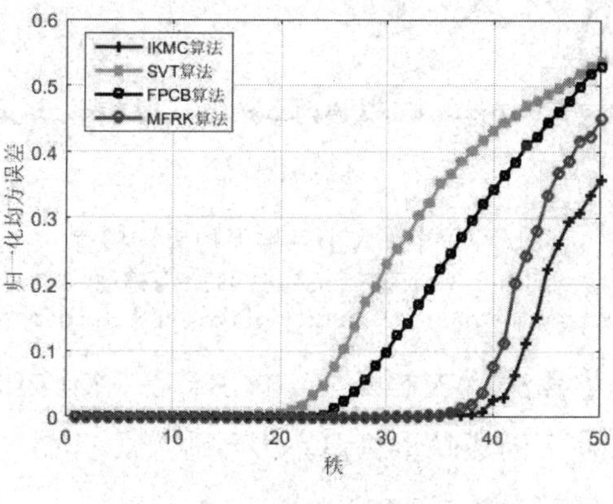

（a）不同秩条件下的重构精度

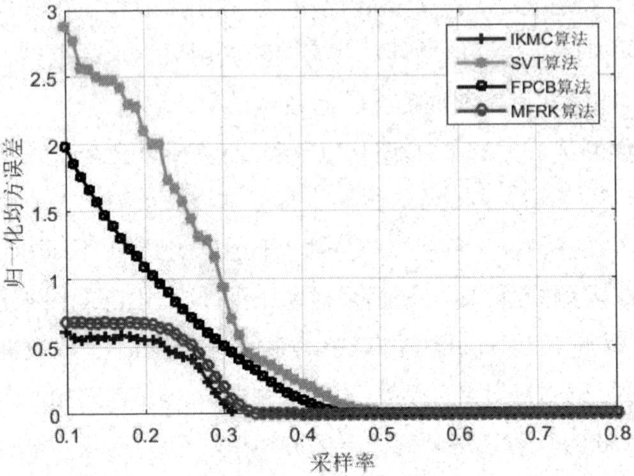

（b）不同采样率条件下的重构精度

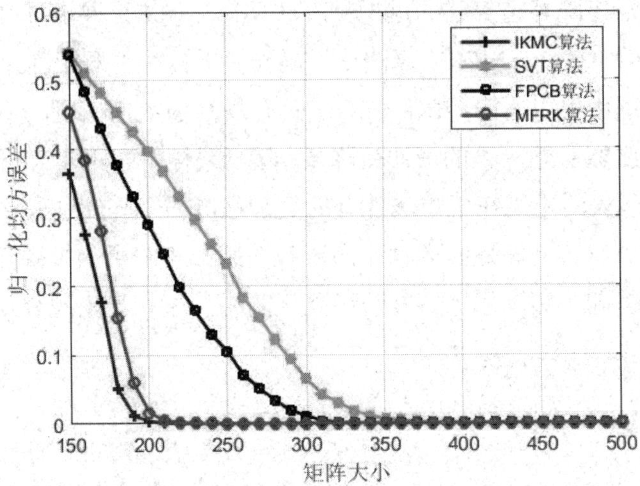

（c）不同矩阵大小条件下的重构精度

图 8-3 合成数据集实验的重构精度

Figure 8-3 The data reconstruction accuracy of the synthetic data set experiments

图8-4展示了IKMC算法、SVT算法、FPCB算法、MFRK算法在不同秩、采样率以及矩阵大小条件下的成功重构概率。当重构误差低于成功重构阈值δ时，即认为本次矩阵补全运算重构成功。

由图8-4可知，IKMC算法具有最高的成功重构概率，并且以上四种算法的成功重构概率随着矩阵秩的增加而降低，随着采样率和矩阵大小的增加而升高。与上述原因相同，矩阵补全的复杂度与矩阵的秩成正比，与采样率和矩阵大小成反比。补全运算越复杂，数据重构的成功概率就越低。

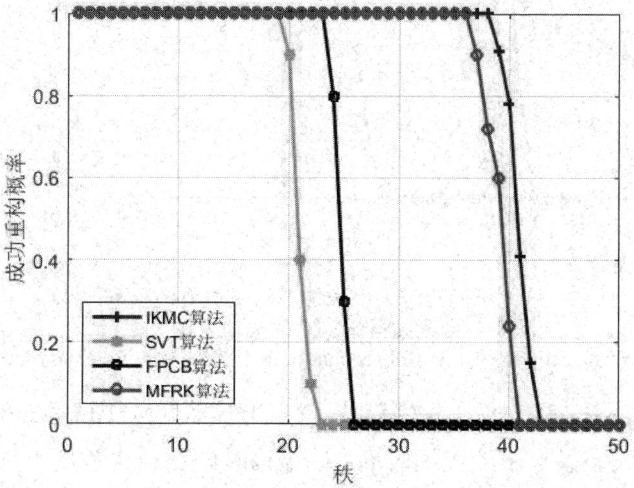

（a）不同秩条件下的成功重构概率

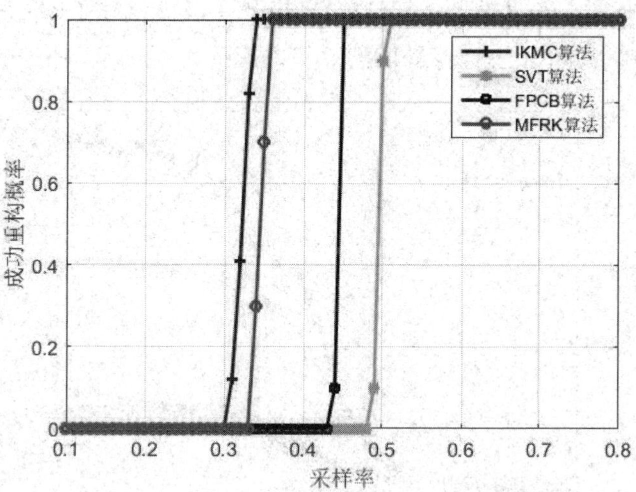

（b）不同采样率条件下的成功重构概率

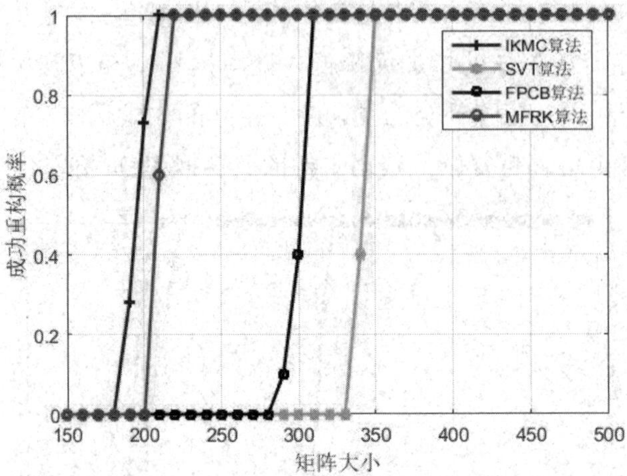

（c）不同矩阵大小条件下的成功重构概率

图 8-4 合成数据集实验的成功重构概率

Figure 8-4 The probability of successful reconstruction of the synthetic data set experiments

图8-5展示了IKMC算法、SVT算法、FPCB算法、MFRK算法在不同秩、采样率以及矩阵大小条件下的重构时间。该重构时间在一定程度上反映了不同矩阵补全算法的计算复杂程度。从图8-5中可以看出，IKMC算法和MFRK算法具有相似的计算时间，并且都低于SVT算法和FPCB算法（除了图8-5（c）中矩阵的大小高于380时SVT算法具有最低的计算时间）。

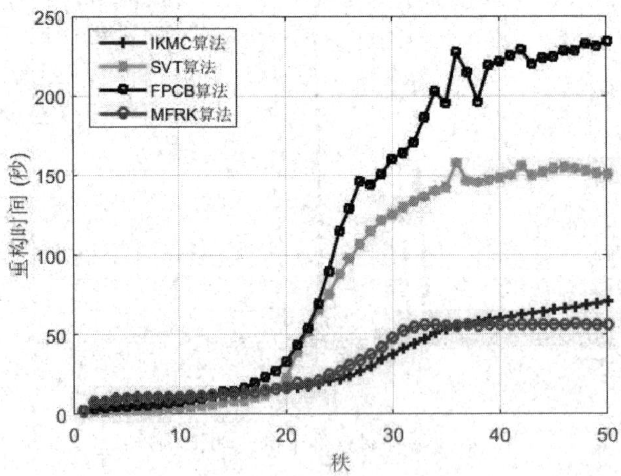

（a）不同秩条件下的重构时间

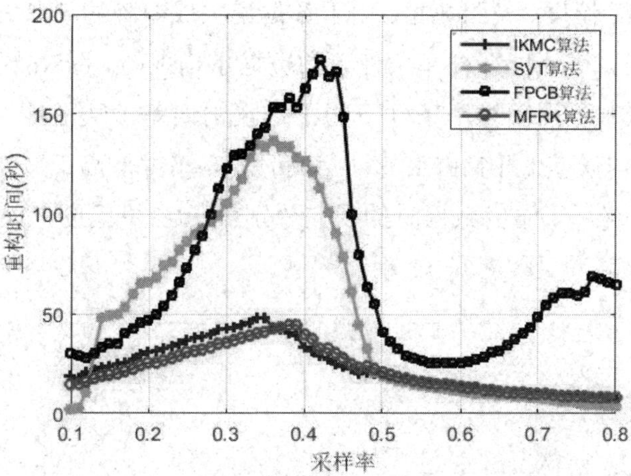

（b）不同采样率条件下的重构时间

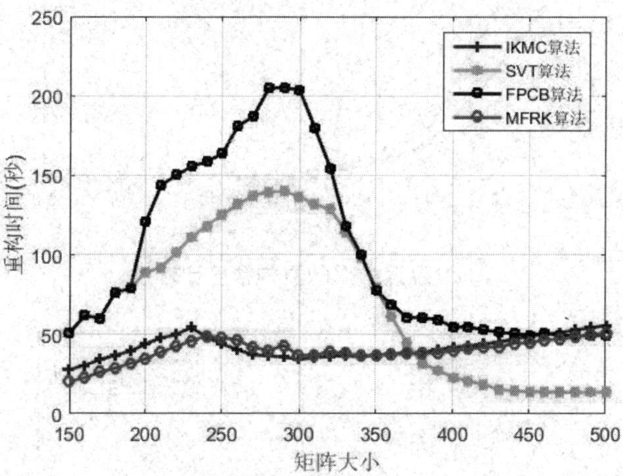

（c）不同矩阵大小条件下的重构时间

图 8-5　合成数据集实验的重构时间

Figure 8-5 The data reconstruction time of the synthetic data set experiments

由图8-3、图8-4、图8-5可知，与SVT算法和FPCB算法相比，IKMC算法和MFRK算法具有较高的重构精度、成功重构概率和较快的重构速度。接下来，将继续在真实数据集上比较IKMC算法和MFRK算法的重构性能。

接下来，使用Intel Berkeley实验室提供的无线传感器网络采集数据集作为真实数据集进行重构性能测试。具体数据取自50个Mica2Dot节点于2004年3月1

日采集到的温度、湿度、光照数据。由于数据集生成矩阵的秩和大小已经固定，因此实验中只测试了不同采样率条件下的数据重构性能。图8-6展示了IKMC算法和MFRK算法在不同采样率条件下的平均重构误差。从图8-6中可以看出，IKMC算法的重构误差低于MFRK算法。同时，当采样率高于30%时，IKMC算法在重构温度、光照、湿度数据时的误差分别低于0.3摄氏度、2.8流明和1.0%，数据重构精度能够满足实际需求。

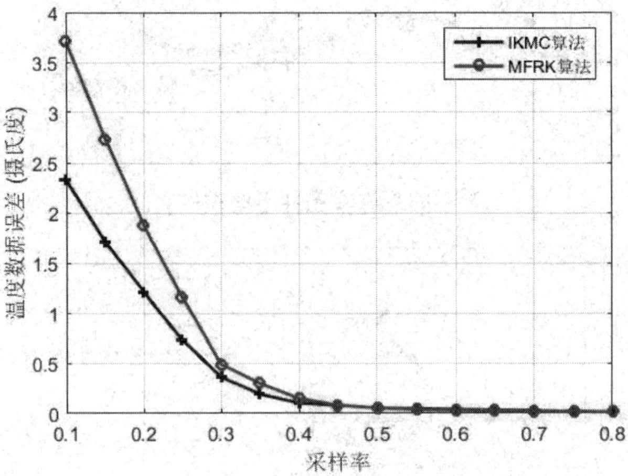

（a）温度数据的重构精度比较

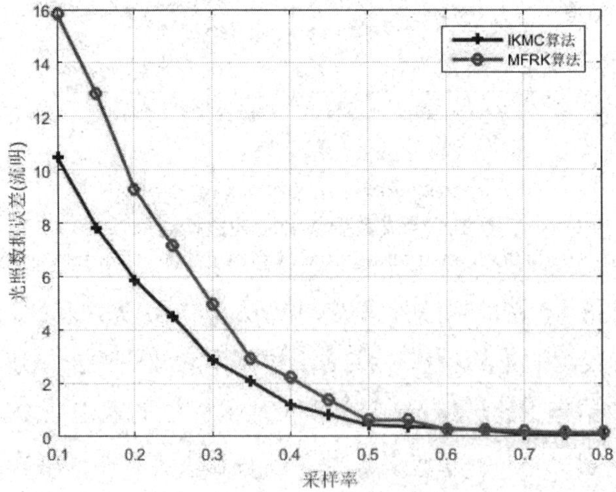

（b）光照数据的重构精度比较

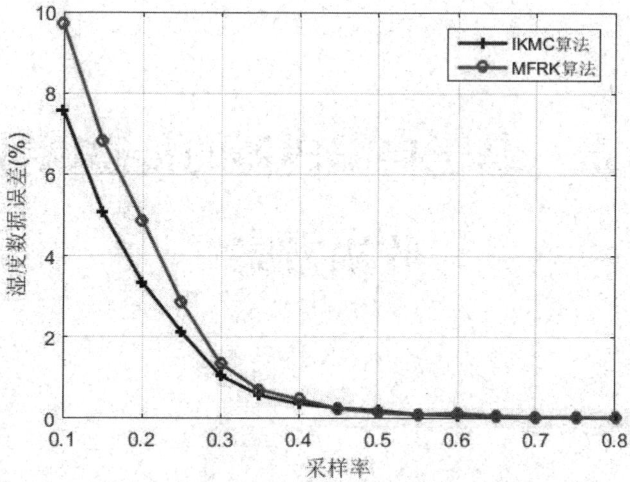

（c）湿度数据的重构精度比较

图 8-6 真实数据集实验的重构精度

Figure 8-6 The data reconstruction accuracy of real data set experiment

8.6 本章小结

本章提出了一种基于矩阵补全的无线传感器网络数据收集方案。通过将传感器网络数据收集问题转换为低秩矩阵分解问题，并依据Johnson-Lindenstrauss引理对Kaczmarz迭代中的投影操作降维，从而提高了矩阵补全算法的重构性能。在仿真实验中，分别利用合成数据集和真实数据集测试和分析了所设计的矩阵补全算法在重构精度、成功重构概率以及重构时间等方面的性能指标。

第 9 章　基于自编码器的传感网数据收集方案

9.1 方案概述

本章利用自编码器设计了一种高效的无线传感器网络数据收集方案，包括模型训练和数据收集两个阶段[175]。在模型训练阶段，利用历史监测数据进行模型训练，从而学习到测量矩阵和重构矩阵。在数据收集阶段，首先利用测量矩阵实现分布式数据压缩，然后利用重构矩阵重构网络中的所有监测数据。实验结果表明，该方案不但具有较高的数据压缩率，而且具有较高的数据重构精度和非常快的数据重构速度。

9.2 相关工作

数据收集操作是无线传感器网络中的核心功能之一，所采用的数据收集方案会直接影响监测数据的精确度、传输延迟以及传感器节点的能量消耗。由于传感器节点的计算、存储、通信和能量资源有限，因此如何设计高效的数据收集方案已成为无线传感网络研究中的热点问题。

众所周知，神经网络是人工智能领域中的一个重要分支，它通过模仿大脑的计算框架进行建模，并利用大量神经元执行多次迭代运算，从而实现复杂的算法或者逼近任意的函数。目前，神经网络已成为人工智能、数据挖掘等领域中的核心工具。本章利用神经网络中的自编码器，设计了一种适用于无线传感网的数据收集方案，以自学习的方式实现压缩感知理论中的数据压缩与重构过程。

本章方案中所采用的自编码器属于神经网络中的一种非监督模型，它在计算过程中通过最小化重构误差从而使得输出数据近似等于输入数据，进而自动提取样本数据中的内在特征。基于自编码器的传感网数据收集方案借助自编码器设计了一种新颖的数据收集方案，通过将压缩感知中数据的稀疏表示和编码测量相结合，直接压缩并收集无线传感网内的监测数据，精简了计算步骤，降低了计算复杂度。压缩后的数据包含了原始数据的全局信息，满足压缩感知的先验条件。相较于传统的稀疏变换算法，本方案的压缩数据具有更低的稀疏度和更高的压缩率；与压缩感知中的数据重构算法，如正交匹配追踪（Orthogonal Matching Pursuit，OMP）算法[118]和迭代硬阈值（Iterative Hard Thresholding，IHT）算法[122]相比，本方案具有较高的数据重构精度和较快的数据重构速度。

9.3 方案描述

基于自编码器的无线传感网数据收集方案包括模型训练和数据收集两个阶段。在模型训练阶段，利用无线传感器网络的历史监测数据训练自编码器，从而获得测量矩阵和重构矩阵。在数据收集阶段，首先利用测量矩阵分布式压缩传感器节点的感知数据，从而实现高效的数据收集；然后在服务器端利用重构矩阵恢复网络中所有传感器节点的监测数据。

9.3.1 模型训练阶段

自编码器（AutoEncoder，AE）是由Rumelhart等人于1986年提出的一种通过多次调解网络参数尽可能复现输入数据的多层人工神经网络结构，包含输入层，隐藏层和输出层[176]。自编码器的网络结构如图9-1所示。

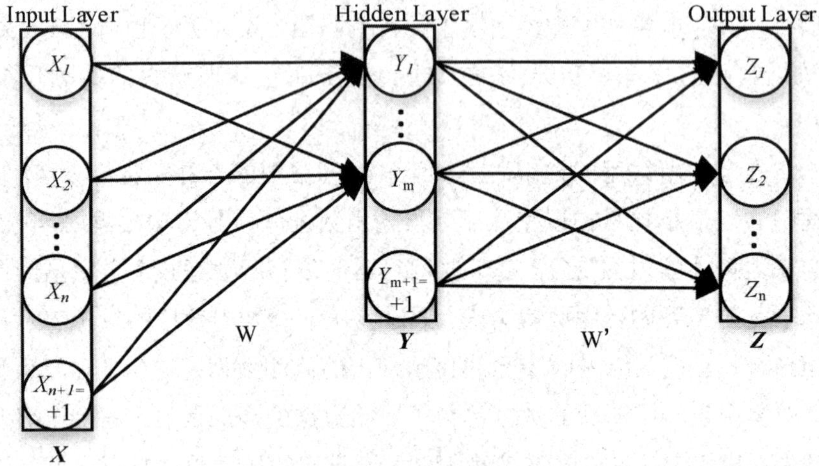

图 9-1 自编码器的结构

Figure 9-1 The structure of autoencoder

在自编码器中，从输入层到隐藏层是数据编码过程，从隐藏层到输出层是数据解码过程。各层的具体功能如下：

（1）输入层神经元仅接受输入数据，不对其进行加工处理；

（2）隐藏层神经元提取输入数据的主要成分；

（3）输出层神经元输出数据加工处理后的最终结果。

假设无线传感器网络中有n个传感器节点，同一采样周期内的n维感知数据可被压缩为m维的特征数据。在已有的基于压缩感知的数据收集方案中，特征数据的维度m取决于n维感知数据的稀疏度k，现有的研究方案普遍采用人工设计的离散余弦变换（Discrete Cosine Transform，DCT）或离散小波变换（Discrete Wavelet Transform，DWT）计算稀疏度k。然而，离散余弦基或离散小波基并非是最优的稀疏变换基，本章将利用自编码器学习最适合于无线传感器网络采集数据集的稀疏变换基，从而降低特征数据的维度。

在图9-1所示的自编码器中，隐藏层神经元与输出层神经元均为功能性神经元，它们通过模拟生物神经元首先对输入数据$\boldsymbol{X}=\{X_1,\cdots,X_n,1\}$进行线性变化得到$\boldsymbol{WX}+\boldsymbol{b}$，然后利用非线性激活函数$f$进行非线性变换得到$f(\boldsymbol{WX}+\boldsymbol{b})$，其中$\boldsymbol{W}$为神经元连接权重，$\boldsymbol{b}$为阈值。常用的激活函数包括sigmoid函数、tanh函数和relu函数等多种非线性函数，本章所设计的方案以sigmoid函数为例，其定义为：

$$\mathrm{sigmoid}(x)=\frac{1}{1+\mathrm{e}^{-x}} \tag{9-1}$$

需要注意的是$\boldsymbol{X}_{n+1}$是输入恒为1的神经元，阈值$\boldsymbol{b}$可看作是与其相对应的连接权重。因此，可将阈值b的学习统一视作权重$\boldsymbol{W}$的学习。

在基于自编码器的传感网数据收集方案中，特征数据$\boldsymbol{Y}$为：

$$\boldsymbol{Y}=f(\boldsymbol{W}\boldsymbol{X}) \tag{9-2}$$

重构输出数据$\boldsymbol{Z}$为：

$$\boldsymbol{Z}=f(\boldsymbol{W}'\boldsymbol{Y}) \tag{9-3}$$

其中，特征数据$\boldsymbol{Y}\in\mathbf{R}^{m\times1}$，$m$ 的值远小于 n，重构输出数据 $\boldsymbol{Z}\in\mathbf{R}^{n\times1}$，测量矩阵$\boldsymbol{W}\in\mathbf{R}^{m\times(n+1)}$，重构矩阵$\boldsymbol{W}'\in\mathbf{R}^{n\times(m+1)}$。

自编码器在参数学习过程中通过不断调整神经元间的连接权重$\boldsymbol{W}$和$\boldsymbol{W}'$，从而在训练数据集上最小化重构误差，本方案中的重构误差定义为：

$$L(\boldsymbol{X},\boldsymbol{Z})=\frac{1}{n}\sum_{i=1}^{n}\left(\frac{1}{2}\left\|\boldsymbol{Z}^{(i)}-\boldsymbol{X}^{(i)}\right\|^{2}\right) \tag{9-4}$$

基于自编码器的传感网数据收集方案通过重复执行mini-batch SGD算法，不断最小化自编码器的重构误差$L(\boldsymbol{X},\boldsymbol{Z})$，并利用反向传播算法调节网络参数$\boldsymbol{W}$和$\boldsymbol{W}'$，从而使得重构输出数据$\boldsymbol{Z}$近似等于输入数据$\boldsymbol{X}$，即$\boldsymbol{Z}\approx\boldsymbol{X}$，完成模型训练。

完成训练后的自编码器可用于无线传感器网络的数据压缩与重构。其中，测量矩阵$\boldsymbol{W}$用于实现数据收集阶段的数据压缩操作，即将n维感知数据压缩为m维特征数据，从而降低传感器数据收集操作的代价。重构矩阵$\boldsymbol{W}'$可用于实现压缩数据的重构操作，即在服务器端将收集到的m维特征数据还原为n维感知数据。

9.3.2 数据收集阶段

在数据收集阶段，无线传感器节点i存储相应的测量矩阵元素$\{W_{ji}: j=1,\cdots,m\}$。假设该节点的感知数据为$\boldsymbol{X}_i$，则传感器节点i首先计算相应的特征数据Y_i，得到：

$$\boldsymbol{Y}_i=\sum_{j=1}^{m}W_{ji}\boldsymbol{X}_i \tag{9-5}$$

然后，该节点将特征数据（9-5）与其接收到的来自其他传感器节点的特征数据相加，并将计算结果沿着数据收集路径逐跳传递至 Sink 节点。Sink 节点接收到网络中所有传感器节点的特征数据和 $\boldsymbol{Y}=\sum_{i=1}^{n}\boldsymbol{Y}_i$ 之后，在服务器端首先利用非线性激活函数 f 执行非线性变换，然后利用自编码器的解码部分还原感知数据，通过使用重构矩阵 $\boldsymbol{W}'$ 对 $f(\boldsymbol{Y})$ 进行线性变化和非线性激活即可重构网络中所有传感器节点的原始感知数据 $\{\boldsymbol{X}_i : i=1,\cdots,n\}$。

下面以二叉树形式的数据收集树为例说明数据收集阶段的具体操作，相应的数据收集过程如图9-2所示。当传统数据收集方案的网络数据传输量与本算法的网络数据传输量相同时，二叉树的高度为$g=floor(\log_2 m+1)$，其中m为特征数据的维度，$floor$函数返回不大于$\log_2 m+1$的最大整数。位于g层之下的所有传感器节点无需执行任何压缩操作，直接将所采集到的监测数据传输至数据收集树中的上层节点。位于g层之上的所有传感器节点执行前述数据收集操作，每个传感器节点可将传输数据数量限制为m。

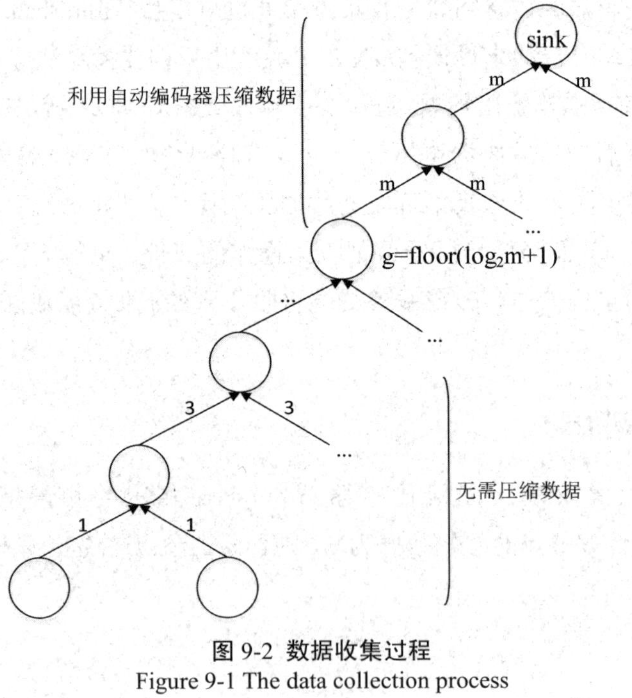

图 9-2 数据收集过程

Figure 9-1 The data collection process

假设二叉数据收集树的总高度为h，特征数据的维度$m=h-2$，不执行任何压缩操作的传统数据收集方案所需的网络数据传输量为T_1，基于压缩的数据收集（Compressive Data Gathering，CDG）方案[141]所需的网络数据传输量为T_2，本章提出的数据收集方案所需的网络数据传输量为T_3。以上三种方案在不同树高度h条件下的网络数据传输量如表9-1所示。由该表可知，本章提出的基于自编码器的无线传感网数据收集方案所需的网络数据传输量最少，即该方案具有较高的数据收集效率。同时，三种数据收集方案所需的网络数据传输量随着数据收集树的高度h的增加显著增加，即网络的规模越大，所需的传输的数据量越多。

表 9-1 不同数据收集方案的网络数据传输量

Table 9-1 The amount of transmitted data of different data collection schemes

h	n	T_1	T_2	T_3
3	7	10	6	6
4	15	34	28	20
5	31	98	90	58
6	63	258	248	136
7	127	642	630	310
8	225	1538	1524	692
9	511	3586	3570	1522

9.4 实验分析

本章分别使用Theano平台和MATLAB软件进行实验，实验数据集选取英特尔伯克利实验室于2004年2月28日至4月5日所部署的54个Mica2Dot传感器节点采集到的温度数据，忽略其中失效的5个传感器节点。为了减少数据集中观测数据的个数，实验时以5分钟为时间间隔选取温度数据。首先对其进行数据清洗，然后以2∶1∶1的比例将其分为训练集、验证集和测试集，从而利用相同时刻不同传感器节点的温度数据训练自编码器。无线传感网中各传感器节点采集的原始温度信号如图9-3所示。

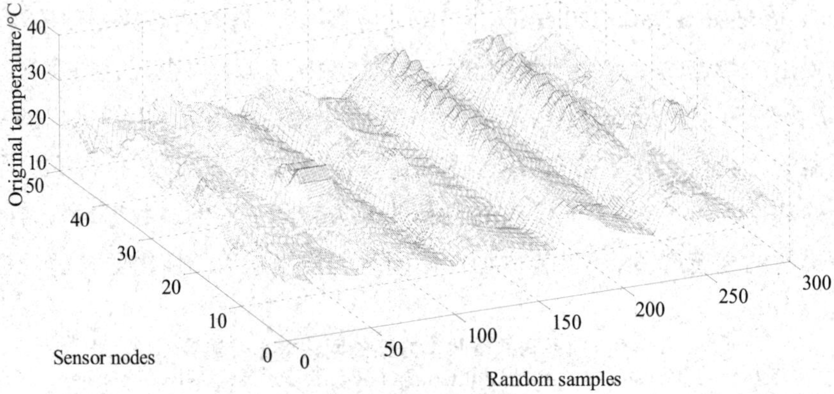

图 9-3 原始温度数据

Figure 9-3 The original temperature data

本章的实验分析从以下两个部分展开。首先，对比利用自编码器和离散余弦变换所得的特征数据稀疏度和数据压缩率，从而分析基于自编码器的传感网数据收集方案的数据压缩性能。然后对比基于自编码器的无线传感网数据收集方案与OMP算法和IHT算法在相同数据压缩率条件下的数据重构精度与重构效率，从而分析方案的数据重构性能。数据重构时以原始数据与重构数据的信噪比（Signal to Noise Ratio，SNR）作为评判数据重构精度的标准，其定义为：

$$SNR = 10\log\frac{\|\boldsymbol{X}\|_2^2}{\|\boldsymbol{X}-\boldsymbol{Z}\|_2^2} \tag{9-6}$$

其中，$\boldsymbol{X}$为原始数据，$\boldsymbol{Z}$为还原数据。

9.4.1 数据的压缩性能

DCT 变换数据的稀疏度定义为变换数据中元素绝对值大于指定阈值σ的元素个数。图 9-4 为自编码器与 DCT 变换在不同稀疏度 k 时的数据压缩误差。由图 9-4 可知，两种方法的数据压缩误差均随着稀疏度的增加而逐渐降低。当稀疏度 k 低于 3 时，自编码器和 DCT 变换的数据压缩误差较高，无法满足实际应用的需求。当稀疏度 $k\in[3,18]$时，与 DCT 变换相比利用自编码器进行数据压缩时具有较低的数据压缩误差，后者的温度误差低于 0.6℃。

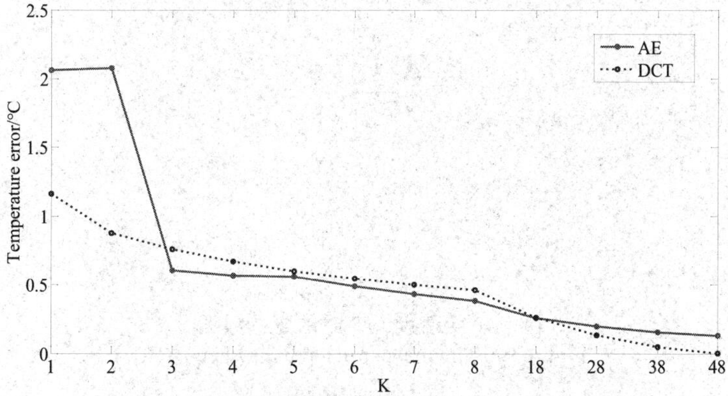

图 9-4 不同稀疏度下的数据压缩误差

Figure 9-4 The data compression error at different sparsity

本章在后续实验过程中应选取较低稀疏度，且该稀疏度下的平均温度重构误差在可接受范围内。以稀疏度5为例，此时无线传感器网络中所有传感器节点的平均温度重构误差约为0.56℃。

图9-5展示了稀疏度k=5时基于自编码器的无线传感网数据收集方案的数据重构误差，图9-6展示了在于图9-5相同实验条件下利用自编码器重构得到的无线传感器网络温度数据。

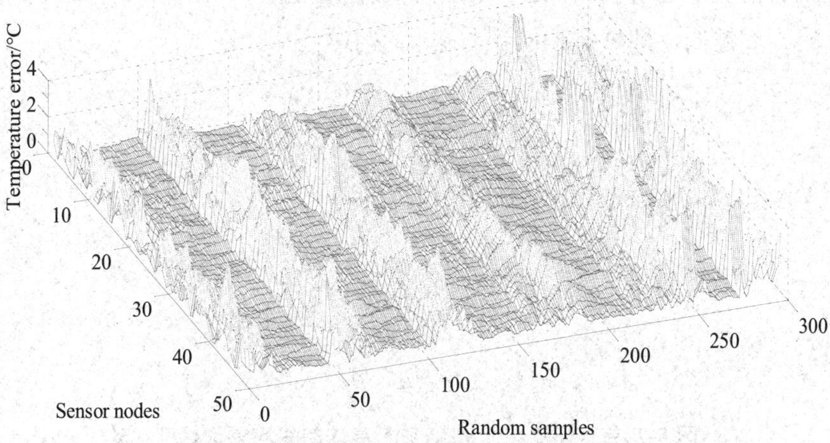

图 9-5 稀疏度 k=5 时的数据重构误差

Figure 9-5 The data reconstruction error when k=5

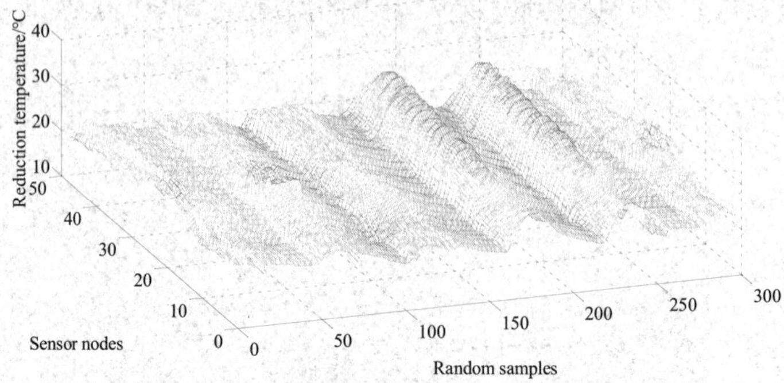

图 9-6 稀疏度 *k*=5 时的重构数据

Figure 9-6 The reconstructed data when *k*=5

另外，利用自编码器进行数据压缩时所需计算时间为0.001秒，而利用离散余弦变换压缩数据时所需计算时间为0.01秒，因此利用自编码器进行数据压缩具有较快的运算速度。

9.4.2 数据的重构性能

图9-7展示了自编码器与OMP算法、IHT算法在不同采样率条件下的平均数据重构精度比较。从图中可以看出，相较于OMP算法和IHT算法，基于自编码器的无线传感网数据收集方案具有最高的数据重构精度，并且三种重构算法的数据重构精度都随着数据采样率的增加而逐渐提高。显然，采样率越高，未知信息的比率越低，数据重构的误差也就越小。

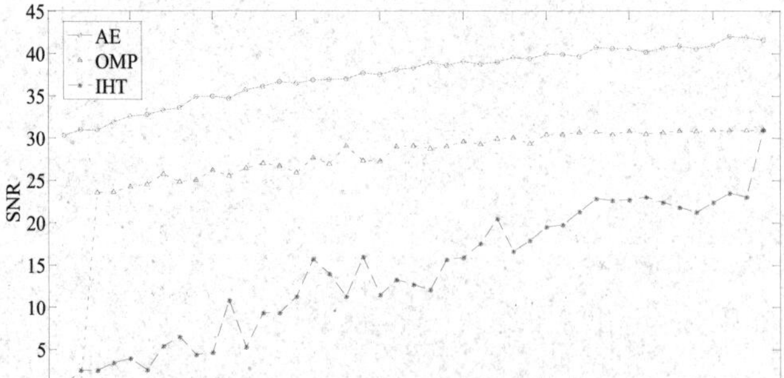

图 9-7 自编码器与 OMP、IHT 算法的平均重构精度比较

Figure 9-7 The comparison of average data reconstruction accuracy among Autoencoder, OMP and IHT algorithms

表9-2展示了自编码器与OMP算法、IHT算法在相同数据压缩率条件下的最优数据重构性能。由该表可以看出，相较于OMP算法和IHT算法，基于自编码器的无线传感网数据收集方案的数据重构精度最高，数据重构速度最快。与基于压缩感知的数据重构算法不同，自编码器在数据重构时无需执行多次迭代运算，仅需将特征数据输入自编码器的解码部分，执行简单的线性变化和非线性激活函数即可重构感知数据。因此，基于自编码器的无线传感网数据收集方案具有非常快的数据重构速度，优于传统的基于压缩感知的数据收集方案。

图9-8展示了基于自编码器的无线传感网数据收集方案中数据重构精度与模型训练次数的关系。从图9-8中可以看出，随着自编码器的训练次数不断增加，压缩数据的重构精度逐渐提高，并逐渐趋于平稳。同时，模型的总训练次数越多，方案的数据重构精度越高。

综上所述，基于自编码器的无线传感网数据收集方案不但具有较高的数据压缩率，而且具有较高的数据重构精度和非常快的数据重构速度。

表 9-2　自编码器与 OMP、IHT 算法的最优数据重构性能比较

Table 9-2 The comparison of best data reconstruction performance among Autoencoder, OMP and IHT algorithms.

重构算法	压缩率	Max(SNR)	重构时间（秒）
OMP算法	49/30	28	0.3
IHT算法	49/30	21	0.001
自编码器	49/30	39	0.0006

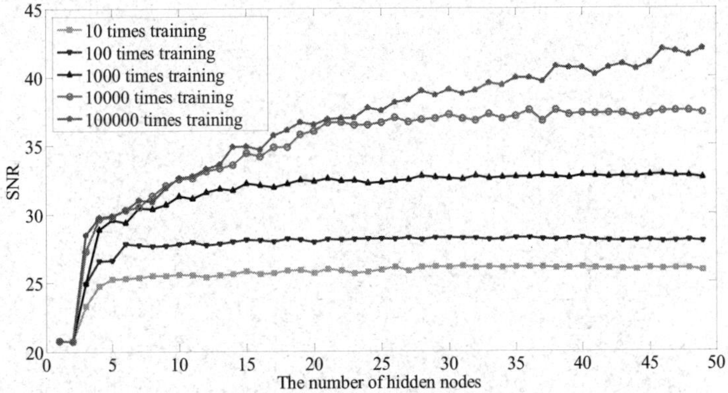

图 9-8　数据重构精度与训练次数的关系

Figure 9-8 The relationship between the data reconstruction accuracy and training times

9.5 本章小结

本章利用自编码器设计了一种适用于无线传感器网络的数据收集方案，包括模型训练阶段和数据收集阶段。与现有数据收集方案相比，该方案不但具有较高的数据压缩率，从而减少了网络中传输的数据量，而且还具有较高的数据重构精度和非常快的数据重构速度，能够较好地完成无线传感器网络的数据收集任务。

第 10 章　基于对抗自编码器的数据收集方案

10.1 方案概述

本章提出了一种基于对抗自编码器的数据收集方案，通过利用深度学习中的对抗自编码器（Adversarial AutoEncoder，AAE）技术，实现无线传感器网络中感知数据的压缩与重构。该方案首先训练对抗自编码器模型，从而学习到一个特定的测量矩阵。相比于压缩感知技术中的随机高斯矩阵或者随机伯努利矩阵，训练学习到的测量矩阵更符合原始数据的特征。然后，利用学习到的测量矩阵对数据进行压缩，压缩后的数据经过无线传感器网络传输到服务器端，最后在服务器端对接收到的压缩数据进行重构。

10.2 相关工作

自编码器（Autoencoder）是由Rumelhart等人于1986年提出的一种通过多次调节网络参数，从而尽可能复现输入数据的多层人工神经网络结构。典型的自编码器主要由三部分构成：输入层、隐藏层和输出层。从输入层到隐藏层的过程属于编码阶段，能够对原始输入数据进行压缩和降维。从隐藏层到输出层的过程属于解码阶段，能够实现对压缩数据的还原。自编码器的整体结构一般是基本左右对称的，即隐藏层中编码部分的层数和解码部分的层数相同。

在无线传感器网络的数据收集应用中，传感器节点的感知数据可经由自编码器压缩后再进行传输，当数据汇集在服务器端后，再经由自编码器的解码部分进行重构，从而得到原始的传感器监测数据。

常见的自编码器由以下几种：

（1）降噪自编码器（Denoising Autoencoder，DAE）

降噪自编码器[178]是Vincent等人于2008年提出来的，该自编码器的主要特点是隐藏层对于有局部损坏的输入信号具有较强的鲁棒性。如果一个神经网络模型具有足够强的鲁棒性，即使只有部分正确的输入信号，隐藏层的表示结果也与完全没有损坏的输入信号所获得的表征几乎一致，从而利用这个隐藏层的表示结果可以完全重构出原始无损数据所对应的输入信号。

降噪自编码器就是人为给干净无损的输入信号加入一些噪声，使得原始信号受到一定程度的局部损坏，从而得到一个损坏信号。然后把这个加入噪声的损坏信号放入一个传统自编码器，通过训练和学习尽可能重构一个与原始输入信号相同的输出信号。降噪自编码器的基本结构如图10-1所示。

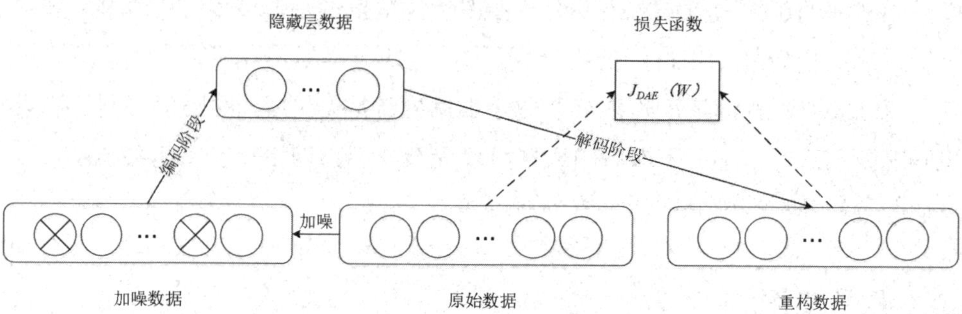

图 10-1 降噪自编码器网络结构图

Figure 10-1 The structure of denoising autoencoder

（2）稀疏自编码器（Sparse Autoencoder，SAE）

稀疏自编码器是在普通自编码的基础上通过加入一些稀疏性约束而得到的。稀疏性约束主要是针对自编码器隐藏层的神经元，通过对隐藏层的大部分神经元的输出进行抑制从而使网络达到一个稀疏的效果。根据选择的激活函数的不同，抑制神经元的概念也不尽相同。当选取sigmoid函数作为激活函数时，输出结果近似为0时表示神经元被抑制。当选取tanh函数作为激活函数时，输出结果近似为－1时表示神经元被抑制。

为了达到抑制效果，稀疏自编码器对隐藏层神经元输出的平均激活度进行约束，再利用KL散度使其与给定的一个稀疏值越来越接近，并将此部分作为惩罚项加入损失函数项中，所以稀疏自编码器的损失函数可以表示为：

$$J_{Spar}(W)=\sum L(x,z)+\beta\sum_{j=1}^{h}KL(\rho\|\hat{\rho}_j) \tag{10-1}$$

其中，β是用来控制稀疏惩罚项的权重系数，可以取(0,1)范围内的任意值，$\hat{\rho}_i$表示隐藏层神经元 j 的平均激活度，其定义为：

$$\hat{\rho}_j=\frac{1}{m}\sum_{i=1}^{m}a_j(x_i) \tag{10-2}$$

$a_i(x_i)$表示在输入数据为x_i时隐藏层神经元j的激活度，KL散度的定义如下：

$$\sum_{j=1}^{h}KL(\rho\|\hat{\rho}_j)=\sum_{j=1}^{h}\left(\rho\log\frac{\rho}{\hat{\rho}_j}+(1-\rho)\log\frac{1-\rho}{1-\hat{\rho}_j}\right) \tag{10-3}$$

一般来说，ρ的取值会取一个近似于 0 的值。如果ρ取值为 0.01，那么为了保证隐藏层的神经元的稀疏性约束，每个隐藏层神经元 j 的平均激活度都会近似于 0.01。KL 散度能够很好地度量两个不同分布之间的差异。如果$\hat{\rho}_j=\rho$，那么此时 $KL(\rho\|\hat{\rho}_j)=0$；如果 $\hat{\rho}_j$ 和 ρ 差别较大时，KL 散度则呈现出单调增加的趋势。所以为了能够达到 $\hat{\rho}_j$ 与给定的ρ近似相等，可采用 $\hat{\rho}_j$ 与 ρ之间的 KL 散度作为损失函数中的惩罚项。

当经过稀疏性约束的隐藏层神经元能够完美重构出原始输入信号时，就表示这些稀疏化表达已经包括了原始输入信号的主要特征，可以作为原始输入数据的简单表示。因此，在保证了模型重构精度的基础上，大大降低了原始数据的维度，从而极大地提高了模型的性能。

（3）收缩自编码器（Contractive Autoencoder，CAE）

收缩自编码器[179]是由Rifar等人于2011年提出。收缩自编码器的主要目的是抑制输入数据在所有方向上的扰动，通过在普通自编码器的目标函数上加入一项惩罚项以达到局部空间的收缩结果。为了使特征表达在训练数据集附近达到收缩效果，加入的惩罚项是关于输入信号的隐藏层表达的Jacobian矩阵，具体表达式为：

$$\left\|J_f(x)\right\|_F^2=\sum_{ij}\left(\frac{\partial y_j(x)}{\partial x_i}\right)^2 \tag{10-4}$$

通过将上述惩罚项表达式添加到损失函数中，来降低模型对微小输入信号扰动的敏感程度。从式（10-4）可以看出，当惩罚项有较小的一阶导数时，表明输入信号对应的隐藏层表达比较平滑，所以当输入信号有了一定扰动变化时，隐藏层表达也不会出现很大的改变，从而就实现了网络模型对输入信号扰动变化不敏感的目的。由此可以得到，收缩自编码器的损失函数就可以表达为：

$$J_{\text{Cont}}(W)=\sum(L(x,z))+\lambda\left\|J_f(x)\right\|_F^2 \tag{10-5}$$

收缩自编码器的网络模型对数据输入微小扰动具有一定的鲁棒性，这与优化问题里面的良态系统、病态系统很相似。病态系统指的是在输入信号出现一定扰动变化的时候，系统的输出信号变化非常大，此时就表明这个系统对输入信号过于敏感，其使用意义非常小。因此，收缩自编码的目的就是希望构建一个鲁棒性强的良态系统。

（4）饱和自编码器（Saturating Autoencoder，STAE）

饱和自编码器[180]与上面讲到的收缩自编码器有一些类似的地方。这两类自编码器都鼓励隐藏层的神经元输出在激励函数的饱和区域。不同的是，饱和自编码器在普通的自编码器的隐藏层神经元上加入一个正则项，使得隐藏层神经元的激励函数至少含有一个零梯度的区域，这个区域也就是饱和区域。

Goroshin等人为了构造激励函数中这个零梯度区域，提出了一个分段函数f作为饱和自编码器的激励函数，选取出来的分段函数每个都至少含有一个平坦区域，每一个激励函数也都对应一个互补函数f_c，具体互补函数定义为：

$$f_c(t)=\inf_{t\in S}\left|t-t'\right| \tag{10-6}$$

其中，$S=\{t|f'(t)=0\}$。

通过对互补函数的最小化，能够使t与$f(t)$的平坦点更近似。所以饱和自编码器的损失函数表示为：

$$\begin{aligned} J_{Satu}(W,b) &= \sum L(x,z) + a\sum_{i=1}^{h} f_c(W_1x_i + b_1) \\ &= \sum_{x\in D}\frac{1}{2}\left\|x_i - (W_2 f(W_1x + b_1) + b_2\right\|^2 + \alpha\sum_{i=1}^{h} f_c(W_1x_i + b_1) \end{aligned} \tag{10-7}$$

其中，h 表示隐藏层神经元的数量，α 表示超参数，并且 $\alpha \in [0,1]$，用来控制重构和饱和之间的权衡。由此可见，加入的这个正则项可以明显地提高不在数据集范围附近的输入信号的重构误差。

10.3 方案描述

自编码器的输入层接收传感器节点采集的原始数据，然后经过编码阶段对输入数据进行压缩。压缩的过程是一个高维原始数据到低维特征数据的降维映射过程，而解码阶段是通过隐藏层重新映射为原始输入的过程。自编码器模型中的激活函数有多种选择，最常用的激活函数为sigmoid函数，其定义为：

$$\text{sigmoid} = \frac{1}{1+\mathrm{e}^{-z}} \tag{10-8}$$

图10-2展示了sigmoid函数的示意图。从图中可以看出，sigmoid函数呈现出单调递增的S型函数，并且利用sigmoid函数可以将范围变化较大的原始数据的输出控制在(0,1)之间。

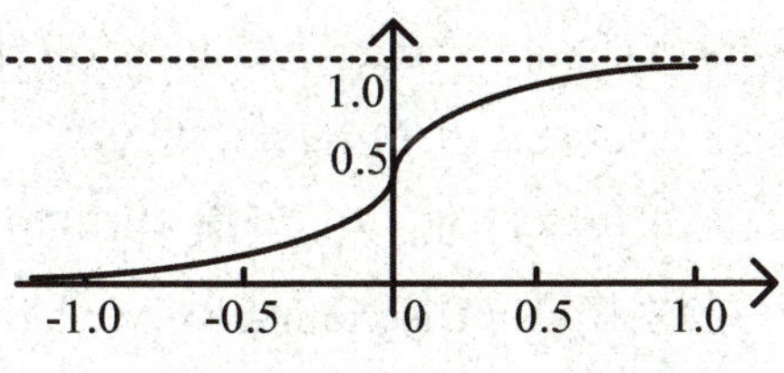

图 10-2 sigmoid 函数
Figure 10-2 The sigmoid function

在激活函数sigmoid的作用下，输出数据的值介于0和1之间。因为重构的输出数据与原始输入数据近似相等，而自然环境中采集到的无线传感器监测数据并不完全在0到1范围之内，因此需要对采集到的原始监测数据作归一化处理。

常用的归一化处理方法有Min-Max标准化（Min-Max Normalization）和零均值标准化（Z-score Standardization）两种。

Min-Max标准化是对原始监测数据进行线性变换，将原始监测数据范围映射到(0,1)范围之间，转换函数如下：

$$x_{\text{Norm}} = \frac{x - x_{\text{Min}}}{x_{\text{Max}} - x_{\text{Min}}} \tag{10-9}$$

其中，x 表示原始监测数据，x_{Max}、x_{Min} 分别表示原始监测数据的最大值与最小值，x_{Norm} 表示归一化后的输入数据

零均值标准化是根据原始数据的均值（Mean）和标准差（Standard Deviation）进行标准化，经过标准化处理的数据符合标准正态分布，即数据集的均值为0，标准差为1。转换函数如下：

$$x_{\text{Norm}} = \frac{x - \mu}{\sigma} \tag{10-10}$$

其中，μ、σ 分别表示原始监测数据的均值和标准差。在分类和聚类算法中，如果需要根据距离来度量相似性，或者利用主成分分析（Principal Component Analysis，PCA）技术进行数据降维的时候，零均值标准化方法此时会有更好的表现。当原始监测数据不涉及距离度量并且不符合正态分布，训练过程中不涉及协方差计算时，可以使用Min-Max标准化方法或者其他归一化方法对数据集进行归一化处理。

对抗自编码器（Adversarial Autoencoder，AAE）的设计思路是将生成对抗网络（Generative Adversarial Networks，GAN）的思想融入自编码器中。生成对抗网络受博弈论中的二人零和博弈的启发，网络中博弈的双方分别为生成模型（Generative Model）与判别模型（Discriminative Model）。生成模型G通过学习获取到样本数据的分布规律，再利用服从某一分布的噪声数据生成一组与真实训练数据十分接近的样本数据，要求效果与真实样本越近似越好。判别模型D相当于一个二分类器，对样本数据进行概率估计，如果样本数据来自真实训练数据，则判别模型D输出较大的概率；如果样本数据来自生成模型G生成的样本数据，则判别模型D输出结果为小概率。通过对网络模型的多次训练，

最终期望生成模型G可以生成一个与真实样本数据几乎相等的数据，此时判别模型D也无法判断出数据是来自生成数据还是真实样本数据，而判别模型输出结果为50%的概率。

对抗自编码器模型如图10-3所示。图中上半部分就是自编码器，它把一个真实分布的数据映射成隐藏层z，对抗自编码器就是通过加入对抗思想来对隐藏层z进行优化。与生成对抗网络生成一些样本与真实样本进行比较，利用梯度反向传播算法逐渐优化模型不同，对抗自编码器通过调整z来得到所需的生成效果。普通的生成对抗网络训练优化样本必须是连续的，而对抗自动编码则不需要一定连续，但是隐藏层z却是连续的，通过微调隐藏层z来生成更加真实的样本，对抗自动编码器完美地避开了生成对抗网络无法生成离散样本的问题。

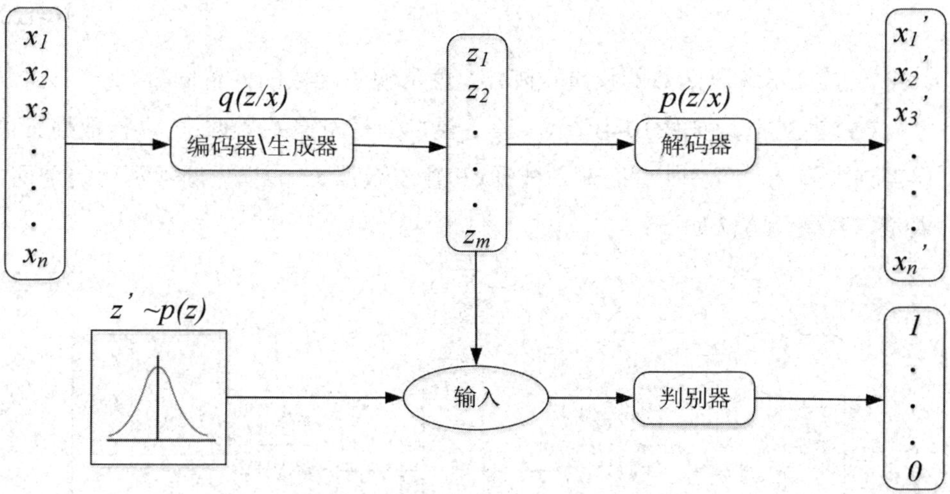

图 10-3　对抗自编码器模型
Figure 10-3 The model of adversarial autoencoder.

在图10-3中，$\boldsymbol{x}$表示 n 维原始样本数据，该层数据经过压缩后得到隐藏层向量z，$p(z')$是给定的编码器所输出的先验分布的值，$q(z/\boldsymbol{x})$表示编码分布函数，$p(\boldsymbol{x}/z)$表示解码分布函数。该模型主要通过编码器作为生成模型，利用判别模型来判断样本是来自先验分布 $p(z)$ 还是来自编码器的输出 $\boldsymbol{z}$，然后解码器再根据解码分布函数 $p(\boldsymbol{x}/\boldsymbol{z})$ 重构原始数据。

由对抗自编码器的模型可知，对抗自编码器的训练分为两个阶段：

（1）样本重构阶段

首先，将原始数据$\boldsymbol{x}$作为神经网络的输入层，输入给编码器，经过编码函数转换为中间隐藏层输出$\boldsymbol{z}$（一般来说，$\boldsymbol{z}$的维度要低于$\boldsymbol{x}$的维度），以此来达到对数据压缩的目的。编码函数表示如下：

$$\boldsymbol{z}=q(\boldsymbol{W}_e\boldsymbol{x}+\boldsymbol{b}_e) \tag{10-11}$$

其中，$\boldsymbol{W}_e$表示编码函数的权重矩阵，$\boldsymbol{b}_e$表示编码函数的偏置向量。

然后，解码器接收编码器的隐藏层的输出$\boldsymbol{z}$作为输入，在服务器端通过解码函数将压缩的数据进行重构得到 $\boldsymbol{x}'$ 。通过训练解码器从隐藏层向量$\boldsymbol{z}$中获取更多的信息，用以重构原始数据。解码函数表示如下：

$$\boldsymbol{x}'=p(\boldsymbol{W}_d\boldsymbol{z}+\boldsymbol{b}_d) \tag{10-12}$$

其中，$\boldsymbol{W}_d$表示解码函数的权重矩阵，$\boldsymbol{b}_d$表示解码函数的偏置向量。

样本重构阶段如图10-4所示，其主要目的是将原始数据$\boldsymbol{x}$与重构数据 $\boldsymbol{x}'$ 的误差损失降到尽可能小，而输入数据$\boldsymbol{x}$和输出数据 $\boldsymbol{x}'$ 的损失函数利用的是均方误差，其表示方法如下：

$$L(\boldsymbol{x},\boldsymbol{x}')=\frac{1}{n}\sum_{i=1}^{n}(\boldsymbol{x}-\boldsymbol{x}')^2 \tag{10-13}$$

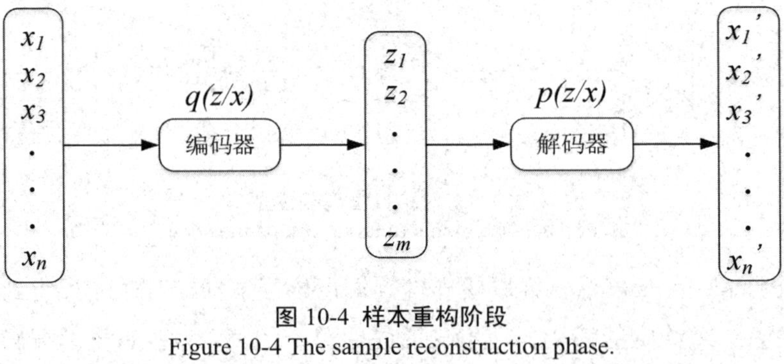

图 10-4 样本重构阶段

Figure 10-4 The sample reconstruction phase.

（2）正则化约束阶段

首先，判别模型D是利用经过编码器压缩后的隐藏层输出$\boldsymbol{z}$和符合某一先验分布 $p_{\text{data}}(\boldsymbol{z}')$ 的随机输入 $\boldsymbol{z}'$ 来进行训练。判别模型D的训练过程如图10-5所示。

判别模型D判断给定的输入来自真实的数据分布则输出为1，否则输出结果为0。

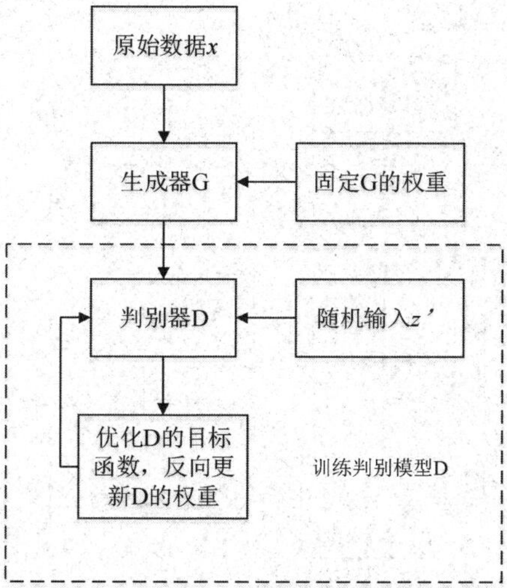

图 10-5 判别模型训练过程

Figure 10-5 The discriminative model training process

下一步是训练生成模型G，使之能够生成符合先验分布$p_{\text{data}}(\boldsymbol{z}')$的隐藏层输出$\boldsymbol{z}$。生成模型$G$的训练过程如图10-6所示。将判别模型$D$的权重固定为当前值，并将判别模型$D$的输出目标固定为1。然后，把原始数据$\boldsymbol{x}$输入到生成模型$D$，再将生成的隐藏层变量$\boldsymbol{z}$输入到判别模型$D$，同时利用交叉熵函数作为网络模型的损失函数。再通过生成模型G的权重进行反向调整，最终使得生成模型G学习到所需的数据分布并产生具有该分布的隐藏层输出$\boldsymbol{z}$。即生成模型G和判别模型D利用值函数$V(G,D)$进行如下的二人零和博弈：

$$\min_{G} \max_{D} V(G,D)=E_{z'\sim p_{\text{data}}(z')}\left[\log D(z')\right]+E_{z\sim p(z)}\left[\log(1-D(G(z)))\right] \quad (10\text{-}14)$$

在模型的训练过程中，对生成模型G和判别模型D交替进行训练。对抗训练最后生成模型G和判别模型D都达到收敛的状态，$p(\boldsymbol{z})$的分布无限接近先验分布$p_{\text{data}}(\boldsymbol{z}')$，判别模型$D$尽可能达到一个精确分类器。在训练过程中，判别模型尽可能区分先验分布与生成分布，从而收敛到如下结果：

$$D^*(\boldsymbol{x})=\frac{p_{\text{data}}(\boldsymbol{z}')}{p_{\text{data}}(\boldsymbol{z}')+p(\boldsymbol{x})} \quad (10\text{-}15)$$

经过多次的训练，生成模型 G 和判别模型 D 会达到相对平衡，两者均无法进一步提升精度，即 $p(z)=p_{\text{data}}(z')$。此时，判别模型也无法区分先验分布和生成分布，因此 $D(\boldsymbol{x})=0.5$。

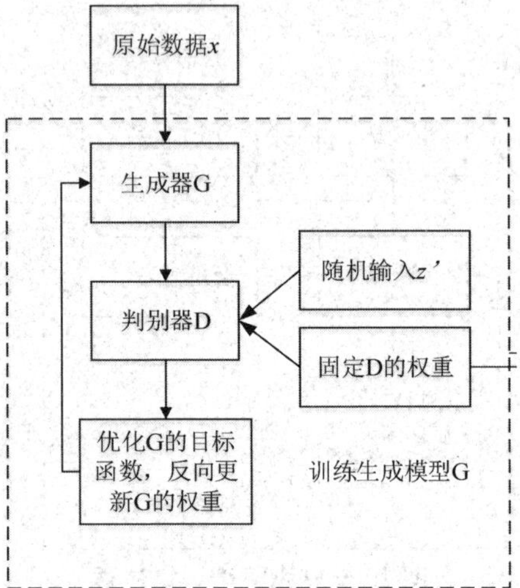

图 10-6 生成模型训练过程

Figure 10-6 The generative model training process

对抗自编码器的训练算法伪代码如算法10-1所示。

算法 10-1：对抗自编码器的训练算法

Algorithm 10-1: The training algorithm of adversarial autoencoder

---

输入：训练数据集$\boldsymbol{x}$。

输出：重构数据 $\boldsymbol{x}'$。

初始化：网络参数$\boldsymbol{W}_e$、$\boldsymbol{b}_e$、$\boldsymbol{W}_d$、$\boldsymbol{b}_d$、batch_size，学习率learning_rate、训练次数n、超参数设置的次数k。

For i=1,⋯,k

  For j=1,⋯,n

    加载训练样本$\boldsymbol{x}$。

    利用式（10-11）将$\boldsymbol{x}$变换为$\boldsymbol{Z}$。

    利用式（10-12）将$\boldsymbol{Z}$重构为 $\boldsymbol{x}'$。

    利用批量随机梯度下降算法使得重构误差最小化，更新网络参数。

    通过提高判别模型D目标函数梯度，来更新判别模型D：

$$\nabla_{\theta_d}\frac{1}{n}\sum_{i=1}^{n}\left[\log D(z'^{(i)})+\log(1-D(G(z^{(i)})))\right]$$

End

通过降低生成模型G目标函数梯度，来更新生成模型G:

$$\nabla_{\theta_g} \frac{1}{n}\sum_{i=1}^{n}\log(1-D(G(z^{(i)})))$$

End

测试训练集，通过随机搜索法对超参数batch_size、learning_rate、n进行更新。

保存神经网络模型的参数$\boldsymbol{W}_e$、$\boldsymbol{b}_e$、$\boldsymbol{W}_d$、$\boldsymbol{b}_d$。

10.4 实验分析

基于对抗网络自编码器的数据重构算法的实验数据来自英特尔的伯克利实验室，本实验选取了该实验数据中的48个有效的传感器节点监测的温度数据。利用这48个传感器节点模拟无线传感器网络中的簇头节点，通过对这些节点的数据进行不同比率的压缩，对比同一算法在不同参数设定时的重构精度以及不同算法在相同参数时的重构精度。温度数据的采集间隔设定为每5分钟采集一次。

将收集到的数据首先进行清洗，清洗完成以后的温度传感器数据按照2∶1∶1的比例划分为训练数据集、验证数据集以及测试数据集，通过同一时刻不同的传感器节点数据来训练网络模型。在本章实验中用到的温度数据集包含训练数据集3000条，验证数据集和测试数据集各包含1500条。

在实验分析过程中先对基于对抗自编码器的数据收集算法的实验结果进行分析，分析该算法的数据重构精度与采样率、训练数据量、训练次数和学习率之间的关系。然后将基于对抗自编码器的数据收集算法与基于非负约束自编码器（Nonnegative Constrained Autoencoder，NCAE）[181]、非负稀疏自编码器（Nonnegative Sparse Autoencoder，NNSAE）和稀疏自编码器（Sparse Autoencoder，SAE）的数据重构算法的数据重构精度的对比，通过比较不同压缩率的情况下四种自编码器在数据重构时的数据重构精度，分析四种算法的在数据重构精度方面的性能。

本实验中采用原始数据与重构数据的信噪比（Signal to Noise Ratio，SNR）作为衡量数据重构精度的标准，其义如下：

$$SNR = 10\log\left(\|\boldsymbol{x}\|_2^2 \Big/ \|\boldsymbol{x} - \boldsymbol{x}'\|_2^2\right) \tag{10-16}$$

其中，$\boldsymbol{x}$ 是网络模型的原始输入信号，$\boldsymbol{x}'$ 表示重构后的传感器数据。由式（10-16）可知，重构后的数据与原始数据越近似，则信噪比越大。

10.4.1 性能分析

首先，分析对抗自编码器在模型训练阶段与模型测试阶段数据采样率对数据重构精度的影响。图10-7展示了对抗自编码器在训练数据集和测试数据集上不同采样率情况下数据重构精度的变化。在实验中训练次数为10000次，训练数据量为1000条，从图中可以看出，在模型训练阶段和模式测试阶段，随着数据采样率不断增加时，信噪比也不断增加，表示数据的重构精度也越来越高。

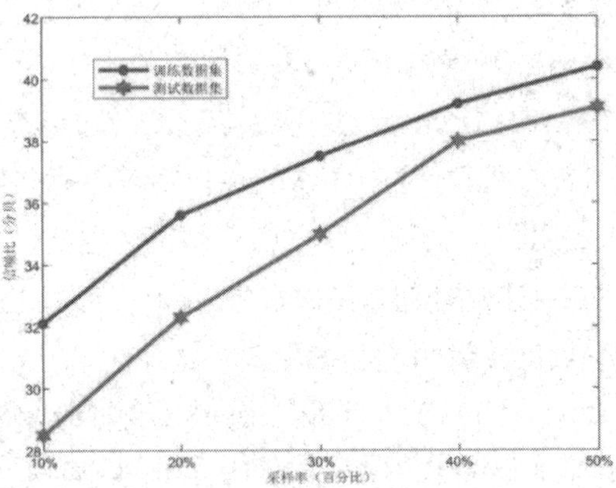

图 10-7 不同采样率时的重构精度

Figure 10-7 Reconstruction accuracy at different sampling rates

其次，分析不同训练数据量和数据重构精度之间的关系。图10-8展示了对抗自编码器在训练集与测试集中训练学习后，不同数据量情况下的数据重构精度。在模型训练模型测试阶段，对抗自编码器的数据重构精度均随着数据量的增加而更高。当训练数据逐渐增加时，对抗自编码器可以学习更优的网络参数，所以数据的重构精度也会越来越高。

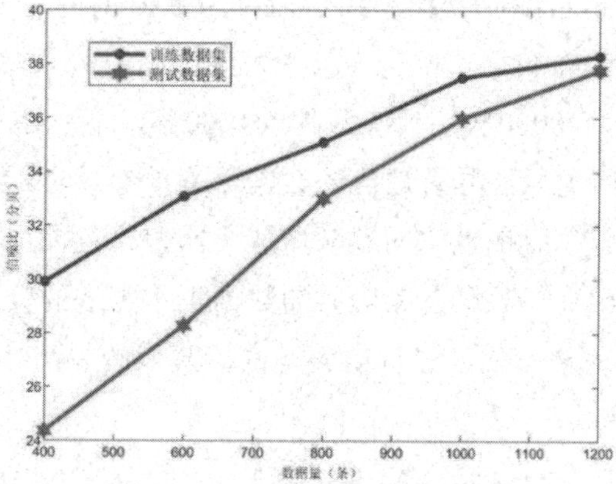

图 10-8 不同数据量时的重构精度
Figure 10-8 The reconstruction accuracy at different data volumes

然后，分析对抗自编码器的训练次数和采样率与数据重构精度之间的关系。图10-9表示了本章提出算法在数据重构精度与采样率和模型训练次数之间的关系。从图中能够看出，当固定对抗自编码器网络模型的训练次数时，随着采样率的增加，信噪比也越来越大，并且趋于稳定，即数据的重构精度也越来越高。当固定数据采样率时，随着对抗自编码器的训练次数的增加，对抗自编码器能够学习更优的网络参数，数据重构的信噪比也越来越大，即对抗自编码器对数据的重构精度也不断提高。

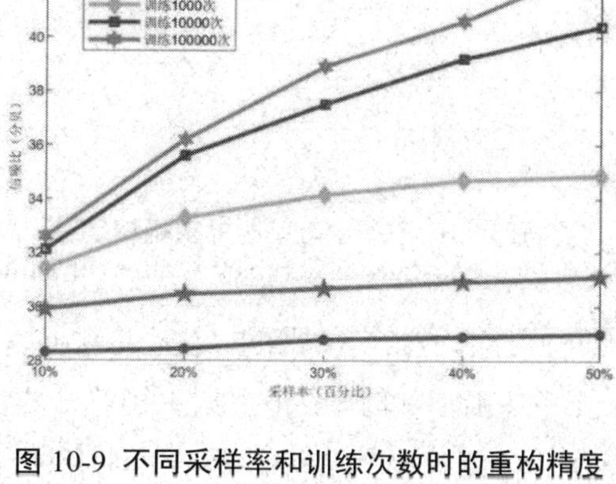

图 10-9 不同采样率和训练次数时的重构精度
Figure 10-9 The reconstruction accuracy at different sampling rates and epochs

最后，分析对抗自编码器模型的学习率与数据重构精度的关系。图10-10表示了本章所提算法在数据重构精度与学习率之间的关系。实验中数据采样率为30%，训练次数为10000次，训练数据为1000条。从图中可以看出，当学习率为10^{-5}时，本章所提算法具有最优的数据重构效率。当对抗自编码器的学习率高于10^{-5}时，随着学习率设定的逐渐增加，模型的数据重构精度则呈现逐渐降低的趋势。因此，基于对抗自编码器的数据收集算法的数据重构精度会随着自编码器的学习率逐渐变化，呈现出先升高后降低的趋势。

10.4.2 性能比较

首先，分析对抗自编码器与非负约束自编码器、非负稀疏自编码器和普通稀疏自编码器在不同采样率的情况下，数据重构精度的对比。

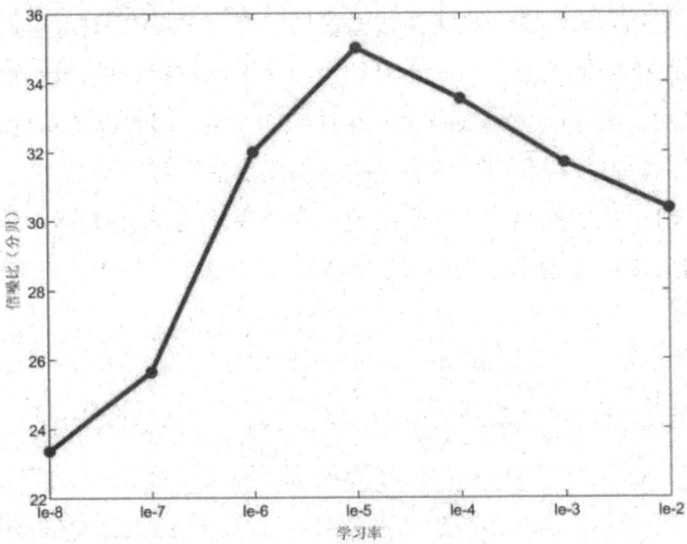

图 10-10 不同学习率时的重构精度
Figure 10-10 The reconstruction accuracy at different learning rates

图10-11展示了四种自编码器在不同采样率时的数据重构精度。从图中可以看出，随着数据采样率逐渐增加时，四种数据重构算法的信噪比都逐渐增加，即数据重构精度越来越高。对比对抗自编码器与其他三种自编码器，本章提出

的算法在相同采样率的情况下，信噪比均优于其他三种数据重构算法，即对抗自编码器具有更好的重构数据性能。

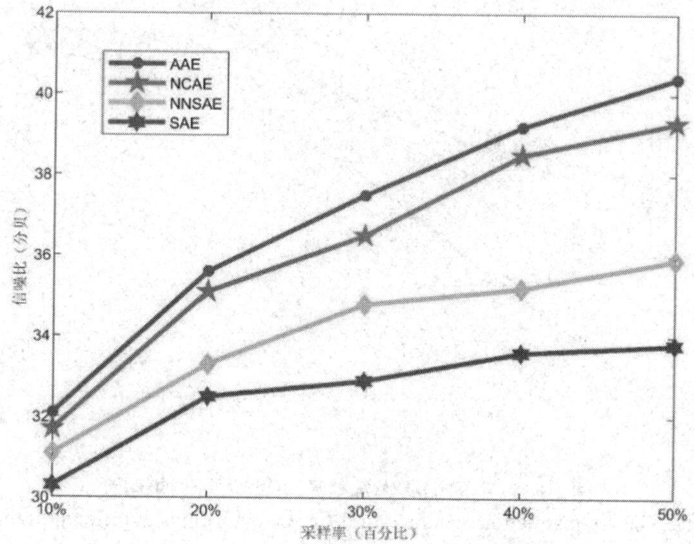

图 10-11　不同采样率时不同算法的重构精度

Figure 10-11 The reconstruction accuracy of different algorithms at different sampling rates

当需要达到相同的数据重构精度时，本章所提出的基于对抗自编码器的数据收集算法可以使用更低的数据采样率。在无线传感器网络中，数据采样率越低时，网络中需要传输的数据量也越少，因此整个无线传感器网络中数据传输的能量消耗也越少。因此，基于对抗自编码器的数据重构算法相比与基于其他三种自编码能够使得整个无线传感器网络中能耗更低，进而达到延长无线传感器网络寿命的目的。

其次，分析四种数据重构算法在不同训练次数的情况下压缩数据的重构精度对比。图10-12展示了在模型训练过程中，不同训练次数条件下四种数据重构算法的重构精度。从图中可以看出，随着训练次数的逐渐增加，四种数据重构算法的信噪比逐渐增加，即数据的重构精度逐渐升高。当模型的训练次数一定时，本章所提出的基于对抗自编码器的数据收集算法的信噪比优于其他三种算法。

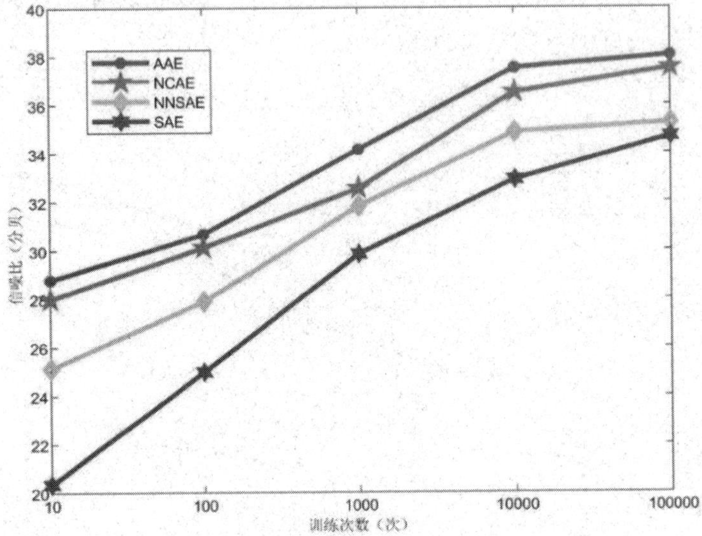

图 10-12 不同训练次数时不同算法的重构精度

Figure 10-12 The reconstruction accuracy of different algorithms at different training times

最后，图10-13展示了当无线传感器网络中传感器节点数量不同时，四种算法在数据重构过程中数据精度的变化情况。实验中网络模型的采样率设为30%，训练次数设为10000次。从图中可以看出，四种数据重构算法在传感器节点数量增加时，重构数据的信噪比会越来越小。因此，网络规模越大，数据重构的精度会有所降低。产生上述现象的原因是因为当传感器节点数量较少时，无线传感器网络的规模也较小，数据重构任务也会相对容易，相应的数据重构精度也会较高。反之，数据重构精度会有所降低。

综上可知，在对比数据采样率、训练次数和网络规模三个方面时，本章提出的基于对抗自编码器的数据收集算法比基于非负约束的自编码器、非负稀疏自编码器和普通稀疏自编码器这三种算法均具有较高的信噪比，即数据重构精度高于其他三种算法。

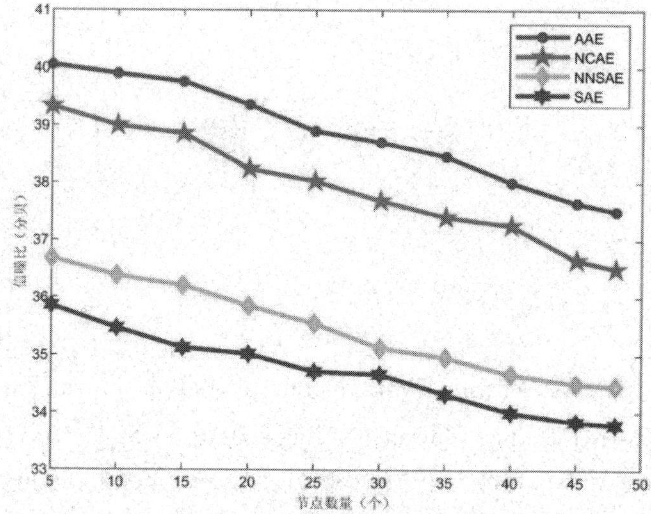

图 10-13 不同节点数量时不同算法的重构精度

Figure 10-13 The reconstruction accuracy of different algorithms at different nodes number

10.5 本章小结

本章提出了一种基于对抗自编码器的数据收集方案，通过训练对抗自编码器模型，从而学习到一个特定的测量矩阵。在无线传感器节点数据收集过程中，利用训练好的对抗自编码器对传感器节点采集的数据进行压缩，然后在服务器端进行数据解码与还原。对比实验结果表明，该方案在在数据压缩效率和数据重构精度上均优于现有的方案。

参 考 文 献

[1] H Fahmy. Wireless sensor networks：concepts，applications，experimentation and analysis[M]. Berlin：Springer-Verlag，2016：3-53.

[2] 任丰原，黄海宁，林闯. 无线传感器网络[J]. 软件学报，2003，14（7）：1282-1291.

[3] T Hara，V Zadorozhny，E Buchmann. Wireless sensor network technologies for the information explosion era[M]. Berlin：Springer-Verlag，2010：3-46.

[4] 李国瑞. 无线传感器网络安全保障模型与方案[M]. 南京：江苏凤凰科学技术出版社，2017：1-19.

[5] 10 Emerging technologies that will change the world[J]. Technology Review. 2003（2）：33-49.

[6] P Coy，N Gross. 21 ideas for the 21st century[J]. Business Week，1999（10）：78-167.

[7] S Yang. Wireless sensor networks：principles，design and applications[M]. Berlin：Springer-Verlag，2014：7-47.

[8] 孙利民，李建中，陈渝，等. 无线传感器网络[M]. 北京：清华大学出版社，2005：4-25.

[9] 于海斌，曾鹏. 智能无线传感器网络系统[M]. 北京：科学出版社，2006：10-21.

[10] 韩敬海. 无线传感器网络技术原理及应用[M]. 西安：西安电子科技大学出版社，2013：6-7.

[11] J Yick，B Mukherjee，D Ghosal. Wireless sensor network survey[J]. Computer Networks，2008，52（12）：2292-2330.

[12] 薛君. 无线传感器网络技术与应用[M]. 北京：电子工业出版社，2019：1-4.

[13] 乔海晔. 传感器与无线传感网络[M]. 北京：电子工业出版社，2019：1-21.

[14] 杨双华. 无线传感器网络——原理、设计和应用[M]. 北京：机械工业出版社，2015：3-15.

[15] 熊茂华，熊昕，刘萍. 无线传感器网络技术及应用开发[M]. 北京：科学出版社，2015：6-20.

[16] 许毅，陈立家，甘浪雄，等. 无线传感器网络技术原理及应用[M]. 2版. 北京：清华大学出版社，2015：1-16.

[17] 刘伟荣，何云. 物联网与无线传感器网络[M]. 北京：电子工业出版社，2013：1-8.

[18] K Wong. Physical layer considerations for wireless sensor networks[C]//The 2004 IEEE International Conference on Networking，Sensing and Control，2004：1201-1206.

[19] A Jain，D Sharma，M Goel，et al. Protocols for network and data link layer in WSN：a review and open issues[C]//The 1st International Conference on Computer Science and Information Technology，2011：546-555.

[20] A K Dwivedi，O P Vyas. Network layer protocol for wireless sensor networks：existing classifications and design challenges[J]. International Journal of Computer Applications，2010，8（12）：30-34.

[21] M Rahman，A Saddik，W GueaLeb. Wireless sensor network transport layer：state of the art[J]. Sensors，2008：221-245.

[22] A Zouinkhi，K Mekki，M Abdelkrim. Application and network layers design for wireless sensor network to supervise chemical active product warehouse[J]. International Journal of Computer Science，Engineering and Applications，2014，4（6）：53-72.

[23] J Khan，H Qureshi，A Iqbal. Energy management in wireless sensor networks：

a survey[J]. Computers & Electrical Engineering，2015，41：159-176.

[24] A Achour， L Deru， J Deprez. Mobility management for wireless sensor networks a state of the art[C]//The 5th International Symposium on Internet of Ubiquitous and Pervasive Things，2015：1101-1107.

[25] H Abdelsalam，S Olariu. Toward efficient task management in wireless sensor networks[J]. IEEE Transactions on Computers，2011，60（11）：1638-1651.

[26] 尚凤军. 无线传感器网络通信协议[M]. 北京：电子工业出版社，2011：9-11.

[27] D Sharma， S Verma， K Sharma. Network topologies in wireless sensor networks：a review[J]. International Journal of Electronics & Communication Technology，2013，4（3）：93-97.

[28] A Bagula. Modelling and implementation of QoS in wireless sensor networks：a multi-constrained traffic engineering model[J]. EURASIP Journal on Wireless Communications and Networking，2010：468-737.

[29] N Zaman， K Ragab， A Abdullah. Wireless sensor networks and energy efficiency：protocols，routing and management[M]. Hershey：IGI Global Press，2012：327-261.

[30] B Zhang，G Li. Survey of network management protocols in wireless sensor network[C]//The 2009 International Conference on E-Business and Information System Security，2009：1-5.

[31] 郑增威，吴朝晖，金水祥. 无线传感器网络及应用[J]. 计算机科学，2003，30（10）：138-140.

[32] 杨宏武. 无线传感器网络的军事应用研究[J]. 舰船电子工程，2007，27（5）：41-43.

[33] 焦唱兵，金勇杰，傅历光. 无线传感器网络及其军事应用[J]. 黑龙江科技信息，2007，（23）：97-108.

[34] 饶云华，代莉，赵存成，等. 基于无线传感器网络的环境监测系统[J]. 武汉大学学报，2006，52（3）：345-348.

[35] R Hartman. The future of automated flood warning systems[C]//The 21st

ALERT Users Group Conference，2006，California，USA，2006.

[36] G Barrenetxea，F Ingelrest，G Schaefer，et al. Wireless sensor networks for environmental monitoring：the sensor scope experience[C]//The 2008 International Zurich Seminar on Communications，2008：98-101.

[37] 陈语中，王桂榕，唐剑. 无线传感器网络中医疗领域的应用[J]. 中国数字医疗，2008，（5）：42-45.

[38] K Moe，S Smith，G Prescott，et al. Sensor web technologies for NASA earth science[C]//The 2008 IEEE Aerospace Conference，2008：456-458.

[39] 贾飞. 基于无线传感器网络技术的智能家居系统的设计与实现[D]. 太原：太原理工大学，2008：35-52.

[40] J Wall，G Platt，G James，et al. Wireless sensor networks as agents for intelligent control of distributed energy resources[C]//The 2nd International Symposium on Wireless Pervasive Computing，2007：547-551.

[41] 周一南，周运森. 无线传感器网络WSN在工业生产实时控制中的应用[J]. 工业控制计算机，2008，21（8）：24-25.

[42] 胡炎华. 野外油气管道监测的无线传感器网络协议研究与设计[D]. 南京：南京理工大学，2007：42-49

[43] C Rohrig，S Spieker. Tracking of transport vehicles for warehouse management using a wireless sensor network[C]//The 2008 IEEE International Conference on Intelligent Robots and Systems，2008：3260-3265

[44] 刘航，廖桂平，杨帆. 无线传感器网络在农业生产中的应用[J]. 农业网络信息，2008（11）：16-21.

[45] 谢金龙，邓人铭. 物联网无线传感器网络技术与应用[M]. 北京：人民邮电出版社，2016：5-16.

[46] S Vardhan，M Wilczynski，G Pottie，et al. Wireless integrated network sensors（WINS）：distributed in situ sensing for mission and flight systems[C]//The 2000 IEEE Aerospace Conference，2000：18-25.

[47] P Shea，M Owen，G Chadderdon. Fuzzy control in the deployable autonomous

distributed system[C]//The 1999 Signal Processing，Sensor Fusion，and Target Recognition Proceeding，1999：239-248.

[48] P Havinga， S Etalle， H Karl， et al. EYES–energy efficient sensor networks[C]//The 2003 Personal Wireless Communications Conference，2003：198-201.

[49] P Levis. TinyOS： an open operating system for wireless sensor networks[C]//The 7th International Conference on Mobile Data Management，2006：63-64.

[50] P Levis，N Lee，M Welsh，et al. TOSSIM：accurate and scalable simulation of entire TinyOS applications[C]//The 1st International Conference on Embedded Networked Sensor Systems，2003：126-137.

[51] S Madden，M Franklin，J Hellerstein，et al. TinyDB：an acquisitional query processing system for sensor networks[J]. ACM Transactions on Database Systems，2005，30（1）：122-173.

[52] D Gay，P Levis，R Behren，et al. The nesC language：a holistic approach to networked embedded systems[C]//The ACM 2003 Conference on Programming Language Design and Implementation，2003：1-11.

[53] C Whitehouse. The design of calamari： an ad-hoc localization system for sensor networks[D]. Berkeley：University of California at Berkeley，2002：8-41.

[54] C Karlof，N Sastry，D Wagner. TinySec：a link layer security architecture for wireless sensor networks[C]//The 2nd International Conference on Embedded Networked Sensor Systems.，2004：162-175.

[55] R Velmani，B Kaarthick. An efficient cluster-tree based data collection scheme for large mobile wireless sensor networks[J]. IEEE Sensors Journal，2015，15（4）：2377-2390.

[56] W Heinzelman， A Chandrakasan， Balakrishnan. An application-specific protocol architecture for wireless microsensor networks[J]. IEEE Transactions

on Wireless Communications，2002，1（4）：660-670.

[57] O Younis，S Fahmy. HEED：a hybrid，energy-efficient，distributed clustering approach for ad hoc sensor networks[J]. IEEE Transactions on Mobile Computing，2004，3（4）：366-379.

[58] 李成法，陈贵海，叶懋，等. 一种基于非均匀分簇的无线传感器网络路由协议[J]. 计算机学报，2007，30（1）：27-36.

[59] H Nasir，N Javaid，M Murtaza，et al. ACE：adaptive cooperation in EEDBR for underwater wireless sensor networks[C]//The 9th International Conference on Broadband and Wireless Computing，Communication and Applications，2014：8–10.

[60] S Lindsey，C Raghavendra. PEGASIS：power-efficient gathering in sensor information systems[C]//The 2002 Aerospace Conference Proceedings，2002：3-1125.

[61] S Feng，B Qi，L Tang. An improved energy-efficient PEGASIS-based protocol in wireless sensor networks[C]//The 8th International Conference on Fuzzy Systems and Knowledge Discovery，2011：2230-2233.

[62] N Tabassum，Y Urano，A Haque. GSEN：an efficient energy consumption routing scheme for wireless sensor network[C]//International Conference on Networking，Systems，Mobile Communications and Learning Technologies，2006：117-127.

[63] 张品，姜亚光，陈磊. 基于加权优化选择两级簇头的WSN路由协议[J]. 传感技术学报，2011，24（3）：447-451.

[64] H Tan，I Korpeoglu. Power efficient data gathering and aggregation in wireless sensor networks[J]. ACM SIGMOD Record，2003，32（4）：66-71.

[65] H Tan，I Korpeoglu，I Stojmenovic. Computing localized power-efficient data aggregation trees for sensor networks[J]. IEEE Transactions on Parallel and Distributed Systems，2011，22（3）：489-500.

[66] T Zhao，W Cai，G Liu. Topology control for wireless sensor networks[C]//The

2007 IFIP International Conference on Network and Parallel Computing，2007：343-348.

[67] S Jardosh， P Ranjan. A survey： topology control for wireless sensor networks[C]//The International Conference on Signal Processing Communications and Networking，2008：422-427.

[68] B Deb， S Bhatnagar， B Nath. A topology discovery algorithm for sensor networks with applications to network management[R]. Rutgers University，DCS-TR-441，2001：1-11.

[69] 吴春婧，郑明春，秦继林. 无线传感器网络协议研究[J]. 计算机技术与发展，2006，16（8）：27-34

[70] C Intanagonwiwat，R Govindan，D Estrin. Directed diffusion：a scalable and robust communication paradigm for sensor networks[C]//The 6th Annual International Conference on Mobile Computing and Networking，2000：56-67.

[71] D Braginsky，D Estrin. Rumor routing algorithm for sensor networks[C]//The ACM International Workshop on Wireless Sensor Networks and Applications，2002：22-31.

[72] Y Yu， R Govindan， D Estrin. Geographical and energy aware routing： a recursive data dissemination protocol for wireless sensor networks[R]. University of California，Los Angeles，CSD-TR-01-0023，2001：1-11.

[73] J Newsome， D Song. GEM： graph embedding for routing and data-centric storage in sensor networks without geographic information[C]//The 1st ACM Conference on Embedded Networked Sensor Systems，2003：76-88.

[74] T He， J Stankovic， C Lu， et al. SPEED： a stateless protocol for real-time communication in sensor networks[C]//The 23rd International Conference on Distributed Computing Systems，Providence，2003：46-55.

[75] B Deb，S Bhatnagar，B Nath. ReInForM：reliable information forwarding using multiple paths in sensor networks[C]//The 28th Annual IEEE Conference on Local Computer Networks，2003：406-415.

[76] I Demirkol，C Ersoy，F Alagoz. MAC protocols for wireless sensor networks：a survey[J]. IEEE Communications Magazine，2006，44（4）：115-121.

[77] W Ye，J Heidemann，D Estrin. An energy-efficient mac protocol for wireless sensor networks[C]//The 21st Annual Joint Conference of IEEE Computer and Communications Societies，2002：1567-1576.

[78] T Dam，K Langendoen. An adaptive energy-efficient mac protocol for wireless sensor networks[C]//The 1st International Conference on Embedded Networked Sensor Systems，2003：171-180.

[79] K Jamieson，H Balakrishnan，Y Tay. Sift：a mac protocol for event-driven wireless sensor networks[C]//The 3rd European Workshop on Wireless Sensor Networks，2006：260-275.

[80] V Rajendran，J Carcia，K Obraczka. Energy-efficient channel access scheduling for power-constrained networks[C]//The 5th International Symposium on Wireless Personal Multimedia Communications，2002：509-513.

[81] V Rajendran，K Obraczka，J Garcia. Energy-efficient，collision-free medium access control for wireless sensor networks[J]. Wireless Networks. 2006，12（1）：63-78.

[82] G Lu，B Krishnamachari，C Raghavendra. An adaptive energy-efficient and low-latency mac for data gathering in wireless sensor networks[C]//The 18th International Parallel and Distributed Processing Symposium，2004：224-231.

[83] K Zen，D Habibi，A Rassau，et al. Performance evaluation of ieee 802.15.4 for mobile sensor networks[C]//The 5th IEEE and IFIP International Conference on Wireless and Optical Communications Networks，2008：1-5.

[84] Y Shi，Y Hou. On the capacity of uwb-based wireless sensor networks[J]. Computer Networks，2008，52（14）：2794-2804.

[85] Y Zhou，Y Fang，Y Zhang. Securing wireless sensor networks：a survey[J]. IEEE Communications Surveys & Tutorials，2008，10（3）：6-28.

[86] S Pandey， P Agrawal. A survey on localization techniques for wireless networks[J]. Transactions of the Chinese Institute of Engineers， Series A. 2006，29（7）：1125-1148.

[87] 任丽荣，肖军. 基于TOA的无线传感器网络自定位技术的研究[J]. 信息与控制，2006，35（2）：280-283.

[88] J Xiao，L Ren，J Tan. Research of TDOA based self-localization approach in wireless sensor network[C]//The 2006 IEEE/RSJ International Conference on Intelligent Robots and Systems，2006：2035-2040.

[89] G Stefano， A Petricola. A distributed AOA based localization algorithm for wireless sensor networks[J]. Journal of Computers. 2008，3（4）：1-8.

[90] R Jin，H Wang，B Peng，et al. Research on RSSI-based localization in wireless sensor networks[C]//The 2008 International Conference on Wireless Communications，Networking and Mobile Computing，2008：1-4.

[91] 安恂，蒋挺，周正. 一种用于无线传感器网络的质心定位算法[J]. 计算机工程与应用，2007，43（20）：136-138.

[92] W Ji， Z Liu. An improvement of DV-hop algorithm in wireless sensor networks[C]//The 2nd International Conference on Wireless Communications，Networking and Mobile Computing，2006：1-4.

[93] R Nagpai，H Shrobe，J Bachrach. Organizing a global coordinate system from local information on an ad hoc sensor network[C]//The 2nd International Workshop on Information Processing in Sensor Networks，2003：333-348.

[94] T He，C Huang，B Blum，et al. Range-free localization schemes for large scale sensor networks[C]//The Annual International Conference on Mobile Computing and Networking，2003：81-95.

[95] F Sivrikaya，B Yener. Time synchronization in sensor networks：a survey[J]. IEEE Network，2004，18（4）：45-50.

[96] W Li，R Wang，L Sun. Proved wireless sensor networks time synchronization algorithm based on RBS[J]. Journal of Communication，2008，29（6）：82-86.

[97] S Yoon，C Veerarittiphan，M Sichitiu. Tiny-sync：tight time synchronization for wireless sensor networks[J]. ACM Transactions on Sensor Networks，2007，3（2）：1-33.

[98] S Ganeriwal， R Kumar， M Srivastava. Timing-sync protocol for sensor networks[C]//The 1st International Conference on Embedded Networked Sensor Systems，2003：138-149.

[99] Y Sang，H Shen，Y Inoguchi，et al. Secure data aggregation in wireless sensor networks：a survey[C]//The 7th International Conference on Parallel and Distributed Computing，Applications and Technologies，2006：315-320.

[100] Y Wen， F Lin， W Kuo. A tree-based energy-efficient algorithm for data-centric wireless sensor networks[C]//The International Conference on Advanced Information Networking and Applications，2007：202-209.

[101] J Considine，F Li，G Kollios，J. Byers. Approximate aggregation techniques for sensor databases[C]//The 20th International Conference on Data Engineering，2004：449-460.

[102] S Nath，P Gibbons，S Seshan，et al. Synopsis diffusion for robust aggregation in sensor networks[J]. ACM Transactions on Sensor Networks，2008，4（2）：1-40.

[103] S Yoon，C Shahabi. The clustered agregation（CAG）technique leveraging spatial and temporal correlations in wireless sensor networks[J]. ACM Transactions on Sensor Networks，2007，1（3）：1-39.

[104] Y Xu，J Heidemann，D Estrin. Geography-informed energy conservation for ad hoc routing[C]//The Annual International Conference on Mobile Computing and Networking，2001：70-84.

[105] A Sangwan， R Singh. Survey on coverage problems in wireless sensor networks[J]. Wireless Personal Communications，2015，80（4）：1475-1500.

[106] M Farooq， T Kunz. Operating systems for wireless sensor networks：a survey[J]. Sensors，2011，11：5900-5930.

[107] A Reddy，A Kumar，D Janakiram，et al. Wireless sensor network operating systems：a survey[J]. International Journal of Sensor Networks，2009，5（4）：136-255.

[108] B Musznicki，P Zwierzykowski. Survey of simulators for wireless sensor networks[J]. International Journal of Grid and Distributed Computing，2012，5（3）：23-50.

[109] G Li，Y Wang，C Wang，et al. MISTER：An approximate minimum steiner tree based routing scheme in wireless sensor networks[C]//The 7th International Conference on Swarm Intelligence，2016：317-323.

[110] F Huang，D Richards. Steiner Tree Problems[J]. Networks，1992，22（1）：55-89.

[111] J Gao，L Guibas，N Milosavljevic，et al. Distributed resource management and matching in sensor networks[C]//The 8th ACM/IEEE International Conference on Information Processing in Sensor Networks，2009：97-108.

[112] J Fakcharoenphol，S Rao，K Talwar. A tight bound on approximating arbitrary metrics by tree metrics[J]. Journal of Computer and System Sciences，2004，69（3）：485-497.

[113] D Zhou，J Gao. Maintaining approximate minimum Steiner tree and k-center for mobile agents in a sensor network[C]//The 29th IEEE Conference on Computer Communications，2010：1-5.

[114] 徐志强. 压缩感知[J]. 中国科学，2012，42（9）：865-877.

[115] S Chen，D Donoho，M Saunders. Atomic decomposition by basis pursuit[J]. SIAM Review，2001，43（1）：129-159.

[116] K Fountoulakis，J Gondzio，P Zhlobich. Matrix-free interior point method for compressed sensing problems[J]. Mathematical Programming Computation，2014，6（1）：1-31.

[117] M Asif，J Romberg. Sparse signal recovery for streaming signals using l1-homotopy[J]. IEEE Transactions on Signal Processing，2014，62（16）：

4209-4223.

[118] J Tropp， A Gilbert. Signal recovery from random measurements via orthogonal matching pursuit[J]. IEEE Transactions on Information Theory，2007，53（12）：4665-4666.

[119] D Needell，R Vershynin. Signal recovery from incomplete and inaccurate measurements via regularized orthogonal matching pursuit[J]. IEEE Transactions on Selected Topics in Signal Processing，2010，4（2）：310-316.

[120] D Needell，J Tropp. CoSaMP：iterative signal recovery from incomplete and inaccurate samples[J]. Applied and Computational Harmonic Analysis，2009，26（3）：301-321.

[121] W Dai， O Milenkovic. Subspace pursuit for compressive sensing signal reconstruction[J]. IEEE Transactions on Information Theory，2009，55（5）：2230-2249.

[122] T. Blumensath， M. Davies. Iterative hard thresholding for compressive sensing. Applied and Computational Harmonic Analysis，2009，27（3）：265-274.

[123] K Bredies， D Lorenz. Linear convergence of iterative soft-thresholding[J]. Journal of Fourier Analysis and Applications，2008，14（5）：813-837.

[124] G Li，Y Wang，C Wang，et al. Unbalanced threshold based distributed data collection scheme in multi-sink wireless sensor networks[J]. International Journal of Distributed Sensor Networks，2016：1-12.

[125] D Tan， D Kim. Dynamic traffic-aware routing algorithm for multi-sink wireless sensor networks[J]. Wireless Networks，2014，20（6）：1239-1250.

[126] H Yoo， M Shim， D Kim. A scalable multi-sink gradient-based routing protocol for traffic load balancing[J]. EURASIP Journal on Communications and Networking，2011，1：85.

[127] R Fagin， A Lotem， M Naor. Optimal aggregation algorithms for middleware[J]. Journal of Computer and System Sciences，2003，66（4）：

614-656.

[128] P Cao， Z Wang. Efficient top-*k* query calculation in distributed networks[C]//The Proceedings of 23rd Annual ACM Symposium on Principles of Distributed Computing，2004：206-215.

[129] P Han， R Niu， Y Eldar. Modified distributed iterative hard thresholding[C]//The 40th IEEE International Conference on Acoustics，Speech，and Signal Processing，2015：3766-3770.

[130] G Li，H Chen，S Peng，et al. A collaborative data collection scheme based on optimal clustering for wireless sensor networks[J]. Sensors. 2018，18（8）：2487.

[131] G Han，H Xu，T Duong，et al. Localization algorithms of wireless sensor networks：A survey[J]. Telecommunication Systems，2013，52（4）：2419-2436.

[132] G Xu，M Zhu，X Luo，et al. An unequal clustering algorithm based on energy balance for wireless sensor networks[J]. IEEE Transactions on Electrical and Electronic Engineering，2012，7：402-407.

[133] H Li，Y Liu，W Chen，et al. COCA：Constructing optimal clustering architecture to maximize sensor network lifetime[J]. Computer Communications，2013，36（3）：256-268.

[134] J Zhang，X Feng，Z Liu. A grid-based clustering algorithm via load analysis for industrial internet of things[J]. IEEE Access，2018，6：13117-13128.

[135] C Wu，Y Chang. Approximately even partition algorithm for coding the Hilbert curve of arbitrary-sized image[J]. IET Image Processing，2012，6（6）：746-755.

[136] R Xie，X Jia. Transmission-efficient clustering method for wireless sensor networks using compressive sensing[J]. IEEE Transactions on Parallel and Distributed Systems，2014，25（3）：806-815.

[137] 李哲涛，臧浪，田淑娟，等. 基于混合压缩感知的分簇式网络数据收集

方法[J]. 计算机研究与发展，2017，54（3）：493-501.

[138] G Li，J He，S Peng，et al. Energy efficient data collection in large-scale internet of things via computation offloading[J]. IEEE Internet of Things Journal. 2019，6（3）：4176-4187.

[139] G Campobello，A Segreto，S Serrano. Data gathering techniques for wireless sensor networks: a comparison[J]. International Journal of Distributed Sensor Networks，2016，12（3）：1-17.

[140] D Donoho. Compressed sensing[J]. IEEE Transactions of Information Theory，2006，52（4）：1289-1306.

[141] C Luo，F Wu，J Sun，et al. Compressive data gathering for large-scale wireless sensor networks[C]//The 15th Annual International Conference on Mobile Computing and Networking，2009：145-156.

[142] J Luo，L Xiang，C Rosenberg. Does compressed sensing improve the throughput of wireless sensor networks?[C]//The 2010 IEEE International Conference on Communications，2010：1-6.

[143] J Wang，S Tang，B Yin，et al. Data gathering in wireless sensor networks through intelligent compressive sensing[C]//The 2012 International Conference on Computer Communications，2012：603-611.

[144] C Zhao，W Zhang，Y Yang，et al. Treelet-based clustered compressive data aggregation for wireless sensor networks[J].IEEE Transactions on Vehicle Technology，2015，64（9）：4257-4267.

[145] L Quan，S Xiao，X Xue，et al. Neighbor-aided spatial-temporal compressive data gathering in wireless sensor networks[J]. IEEE Communication. Letters，2016，20（3）：578-581.

[146] Citypulse Dataset Collection[EB/OL]. http：//iot.ee.surrey.ac.uk：8080/citypulse.

[147] Z Liu，W Xing，B Zeng，et al. Distributed spatial correlation-based clustering for approximate data collection in WSNs[C]//The IEEE International

Conference on Advanced Information Networking & Applications，2013：56-63.

[148] R Tibshirani. Regression shrinkage and selection via the lasso ： A retrospective[J]. Journal of the Royal Statal Society： Series B （Statal Methodology），2011，73（3）：267-288.

[149] 刘义颖，李国瑞，田丽. 一种基于联合稀疏模型的无线传感网数据重构算法[J]. 通信学报，2016（Z1）：221-229.

[150] 李树涛，魏丹. 压缩传感综述[J]. 自动化学报，2009，35（11）：1370-1377.

[151] E Candes. The restricted isometry property and its implications for compressed Sensing[J]. Comptes Rendus Mathematiqus，2008，346（9-10）：589-592.

[152] W Dai， O Milenkovic. Subspace pursuit for compressive sensing signal reconstruction[J]. IEEE Transactions on Information Theory，2009，55（5）：2230-2249.

[153] J Blanchard， M Cermak， D Hanle. Greedy algorithms for joint sparse recovery[J]. IEEE Transactions on Signal Processing，2014，62（7）：1964-1704.

[154] 康莉，谢维信，黄建军. 无线传感器网络中的分布式压缩感知技术[J]. 信号处理，2013，29（11）：1560-1567.

[155] 李国瑞，孟婕，彭三城，等. 基于Jacobi ADMM的传感网分布式压缩感知数据重构算法[J]. 计算机研究与发展，2020，57（6）：1284-1291.

[156] 宋晓霞，石光明. 满足重构概率约束的更少贝努利观测[J]. 自动化学报，2013，39（1）：53-56.

[157] W Xu，Y Cui，Z Li. A decentralized reconstruction algorithm for distributed compressed sensing[J]. Wireless Personal Communications，2017，96（4）：6175-6182

[158] S Boyd，N Parikh，E Chu. Distributed optimization and statistical learning via the alternating direction method of multipliers[J]. Foundations and

Trends in Machine Learning，2011，3（1）：1-122.

[159] 张策，张霞，李欧. 基于CS的无线传感器网络动态分簇数据收集算法[J]. 计算机研究与发展，2016，53（9）：2000-2008.

[160] B He，L Hou，X Yuan. On full Jacobian decomposition of the augmented Lagrangian method for separable convex programming[J]. SIAM Journal on Optimization，2015，25（4）：2274-2312.

[161] W Deng，M Lai，Z Peng. Parallel multi-block ADMM with *o*（1/*k*）convergence[J]. Journal of Scientific Computing，2013，71（2）：712-736.

[162] E Hale，W Yin，Y Zhang. Fixed-point continuation for l_1-minimization：methodology and convergence[J]. SIMA Journal on Optimization，2008，19（3）：1107-1130.

[163] R Jin，X Li，B Yan. A nested eco-hydrological wireless sensor network for capturing surface heterogeneity in the middle-reach of Heihe river basin，China[J]. IEEE Geoscience and Remote Sensing Letters，2014，11（11）：2015-2019.

[164] M Ali，F Gao，A Mileo. CityBench：a configurable benchmark to evaluate RSP engines using smart city datasets[C]//The 14th International Semantic Web Conference，2015：374-389.

[165] 李国瑞，王颖，王聪. 一种基于矩阵补全的无线传感网数据收集方案[J]. 电子学报，2018，46（12）：2950-2956.

[166] Z Liu，L Vandenberghe. Interior-point method for nuclear norm approximation with application to system identification[J]. SIAM Journal on Matrix Analysis and Applications，2009，31（3）：1235-1256.

[167] J Cai，E Candes，Z Shen. A singular value thresholding algorithm for matrix completion[J]. SIAM Journal on Optimization，2010，20（4）：1956-1982.

[168] S Ma，D Goldfarb，L Chen. Fixed point and Bregman iterative methods for matrix rank minimization[J]. Mathematical Programming，2011，128（1）：321-353.

[169] A Gogna， A Majumdar. Matrix factorization model using Kaczmarz algorithm： application in sensor localization[C]//Proceedings of IEEE International Conference on Digital Signal Processing，2015：219-223.

[170] T Strohmer， R Vershynin. A randomized Kaczmarz algorithm for linear systems with exponential convergence[J]. Journal of Fourier Analysis and Applications，2009，15（2）：262-278.

[171] X Chen，A Powell. Almost sure convergence of the Kaczmarz algorithm with random measurements[J]. Journal of Fourier Analysis and Applications，2012，18（6）：1195-1214.

[172] D Needell. Randomized Kaczmarz solver for noisy linear systems[J]. BIT Numerical Mathematics，2010，50（2）：395-403.

[173] J Cheng，Q Ye，H Jiang，et al. STCDG：an efficient data gathering algorithm based on matrix completion for wireless sensor networks[J]. IEEE Transactions on Wireless Comminications，2013，12（2）：850-861.

[174] Y Elday， D Needell. Acceleration of randomized Kaczmarz method via the Johnson- Lindenstrauss Lemma[J]. Numerical Algorithms，2011，58（2）：163-177.

[175] 李国瑞，田丽，崔浩，等. 一种基于自动编码器的传感器数据收集方案[J]. 应用科学学报，2018，36（3）：411-419.

[176] D Rumelhart G Hinton， J Williams. Learning representations by back-propagating errors[J]. Nature，1986，323（6088）：533-536.

[177] G Li，S Peng，C Wang，et al. An energy-efficient data collection scheme using denoising autoencoder in wireless sensor networks[J]. Tsinghua Science and Technology，2019，24（1）：86-96.

[178] P Vincent， H Larochelle， Y Bengio. Extracting and composing robust features with denoising autoencoders[C]//The 25th International Conference on Machine learning，2008：1096-1103.

[179] S Rifai，P Vincent，X Muller. Contractive auto-encoders：explicit invariance

during feature extraction[C]//The 28th international conference on machine learning，2011：833-840.

[180] R Goroshin， Y LeCun. Saturating auto-encoders[C]//The 1st International Conference on Learning Representation，2013：1-9.

[181] H Ehsan， M Jacek， N Olfa. Deep learning of part-based representation of data using sparse autoencoders with nonnegativity constraints[C]//IEEE Transactions on Neural Networks and Learning Systems，2016，27（12）：2486-2498.